U0547425

编审委员会

学术顾问

杜国城　全国高职高专教育土建类专业教学指导委员会秘书长　教授
季　翔　江苏建筑职业技术学院　教授
黄　维　清华大学美术学院　教授
罗　力　四川美术学院　教授
郝大鹏　四川美术学院　教授
陈　航　西南大学美术学院　教授
李　巍　四川美术学院　教授
夏镜湖　四川美术学院　教授
杨仁敏　四川美术学院　教授
余　强　四川美术学院　教授
张　雪　北京航空航天大学新媒体艺术与设计学院　教授

主编

沈渝德　四川美术学院　教授
中国建筑学会室内设计分会专家委员会委员、重庆十九分会主任委员
全国高职高专教育土建类专业教学指导委员会委员
建筑类专业指导分委员会副主任委员

编委

李　巍　四川美术学院　教授
夏镜湖　四川美术学院　教授
杨仁敏　四川美术学院　教授
沈渝德　四川美术学院　教授
刘　蔓　四川美术学院　教授
杨　敏　广州工业大学艺术设计学院　副教授
邹艳红　成都师范学院　教授
胡　虹　重庆工商大学　教授
余　鲁　重庆三峡学院美术学院　教授
文　红　重庆第二师范学院　教授
罗晓容　重庆工商大学　教授
曾　强　重庆交通大学　副教授

高等职业教育艺术设计新形态系列"十四五"规划教材

室内装饰材料与构造教程

Interior Decoration Materials and Construction Course

张倩 编著

西南大学出版社
国家一级出版社 全国百佳图书出版单位

图书在版编目（CIP）数据

室内装饰材料与构造教程 / 张倩编著 .—重庆：西南师范大学出版社，2006.9（2023.8 重印）
全国高等职业教育艺术设计专业教程
ISBN 978-7-5621-3709-2

Ⅰ.室… Ⅱ.张… Ⅲ.①室内装饰—建筑材料：装饰材料—高等学校：技术学校—教材②室内装饰—构造—高等学校：技术学校—教材 Ⅳ.①TU56 ②TU767

中国版本图书馆 CIP 数据核字（2006）第 096466 号

高等职业教育艺术设计新形态系列"十四五"规划教材

室内装饰材料与构造教程
SHINEI ZHUANGSHI CAILIAO YU GOUZAO JIAOCHENG

张倩　编著

选题策划：龚明星　戴永曦
责任编辑：秦　路　王正端　戴永曦
装帧设计：沈　悦
出版发行：西南大学出版社（原西南师范大学出版社）
地　　址：重庆市北碚区天生路2号
本社网址：http://www.xdcbs.com
网上书店：https://xnsfdxcbs.tmall.com
印　　刷：重庆康豪彩印有限公司
幅面尺寸：210 mm×285 mm
印　　张：6.25
字　　数：200千字
版　　次：2007 年 5 月 第 2 版
印　　次：2023 年 8 月 第 13 次印刷
书　　号：ISBN 978-7-5621-3709-2
定　　价：42.00 元

本书如有印装质量问题，请与我社市场营销部联系更换。
市场营销部电话：（023）68868624　68253705

西南大学出版社美术分社欢迎赐稿。
美术分社电话：（023）68254657　68254107

序
Preface 沈渝德

职业教育是现代教育的重要组成部分，是工业化和生产社会化、现代化的重要支柱。

高等职业教育的培养目标是人才培养的总原则和总方向，是开展教育教学的基本依据。人才规格是培养目标的具体化，是组织教学的客观依据，是区别于其他教育类型的本质所在。

高等职业教育与普通高等教育的主要区别在于：各自的培养目标不同，侧重点不同。职业教育以培养实用型、技能型人才为目的，培养面向生产第一线所急需的技术、管理、服务人才。

高等职业教育以能力为本位，突出对学生能力的培养，这些能力包括收集和选择信息的能力、在规划和决策中运用这些信息和知识的能力、解决问题的能力、实践能力、合作能力、适应能力等。

现代高等职业教育培养的人才应具有基础理论知识适度、技术应用能力强、知识面较宽、素质高等特点。

高等职业艺术设计教育的课程特色是由其特定的培养目标和特殊人才的规格所决定的，课程是教育活动的核心，课程内容是构成系统的要素，集中反映了高等职业艺术设计教育的特性和功能，合理的课程设置是人才规格准确定位的基础。

本艺术设计系列教材编写的指导思想是从教学实际出发，以高等职业艺术设计教学大纲为基础，遵循艺术设计教学的基本规律，注重学生的学习心理，采用单元制教学的体例架构，使之能有效地用于实际的教学活动，力图贴近培养目标、贴近教学实践、贴近学生需求。

本艺术设计系列教材编写的一个重要宗旨，那就是要实用——教师能用于课堂教学，学生能照着做，课后学生愿意阅读。教学目标设置不要求过高，但吻合高等职业设计人才的培养目标，有足够的信息量和良好的实用价值。

本艺术设计系列教材的教学内容以培养一线人才的岗位技能为宗旨，充分体现培养目标。在课程设计上以职业活动的行为过程为导向，按照理论教学与实践并重、相互渗透的原则，将基础知识、专业知识合理地组合成一个专业技术知识体系。理论课教学内容根据培养应用型人才的特点，求精不求全，不过多强调高深的理论知识，做到浅而实在、学以致用；而专业必修课的教学内容覆盖了专业所需的所有理论，知识面广、综合性强，非常有利于培养"宽基础、复合型"的职业技术人才。

现代设计作为人类创造活动的一种重要形式，具有不可忽略的社会价值、经济价值、文化价值和审美价值，在当今已与国家的命运、社会的物质文明和精神文明建设密切相关。重视与推广设计产业和设计教育，成为关系到国家发展的重要任务。因此，许多经济发达国家都把发展设计产业和设计教育作为一种基本国策，放在国家发展的战略高度来把握。

近年来，国内的艺术设计教育已有很大的发展，但在学科建设上还存在许多问题。其表现在缺乏优秀的师资、教学理念落后、教学方式陈旧，缺乏完整而行之有效的教育体系和教学模式，这点在高等职业艺术设计教育上表现得尤为突出。

作为对高等职业艺术设计教育的探索，我们期望通过这套教材的策划与编写构建一种科学合理的教学模式，开拓一种新的教学思路，规范教学活动与教学行为，以便能有效地推动教学质量的提升，同时便于有效地进行教学管理。我们也注意到艺术设计教学活动个性化的特点，在教材的设计理论阐述深度上、教学方法和组织方式上、课堂作业布置等方面给任课教师预留了一定的灵动空间。

我们认为教师在教学过程中不再是知识的传授者、讲解者，而是指导者、咨询者；学生不再是被动地接受，而是主动地获取，这样才能有效地培养学生的自觉性和责任心。在教学手段上，应该综合运用演示法、互动法、讨论法、调查法、练习法、读书指导法、观摩法、实习实验法及现代化电教手段，体现个体化教学，使学生的积极性得到最大限度的调动，学生的独立思考能力、创新能力均得到全面的提高。

本系列教材中表述的设计理论及观念，我们充分注重其时代性，力求有全新的视点，吻合社会发展的步伐，尽可能地吸收新理论、新思维、新观念、新方法，展现一个全新的思维空间。

本系列教材根据目前国内高等职业教育艺术设计开设课程的需求，规划了设计基础、视觉传达、环境艺术、数字媒体、服装设计五个板块，大部分课题已陆续出版。

为确保教材的整体质量，本系列教材的作者都是聘请在设计教学第一线的、有丰富教学经验的教师，学术顾问特别聘请国内具有相当知名度的教授担任，并由具有高级职称的专家教授组成的编委会共同策划编写。

本系列教材自出版以来，由于具有良好的适教性，贴近教学实践，有明确的针对性，引导性强，被国内许多高等职业院校艺术设计专业采用。

为更好地服务于艺术设计教育，此次修订主要从以下四个方面进行：

完整性：一是根据目前国内高等职业艺术设计的课程设置，完善教材欠缺的课题；二是对已出版的教材在内容架构上有欠缺和不足的地方进行补充和修改。

适教性：进一步强化课程的内容设计、整体架构、教学目标、实施方式及手段等方面，更加贴近教学实践，方便教学部门实施本教材，引导学生主动学习。

时代性：艺术设计教育必须与时代发展同步，具有一定的前瞻性，教材修订中及时融合一些新的设计观念、表现方法，使教材具有鲜明的时代性。

示范性：教材中的附图，不仅是对文字论述的形象佐证，而且也是学生学习借鉴的成功范例，具有良好的示范性，修订中对附图进行了大幅度的更新。

作为高等职业艺术设计教材建设的一种探索与尝试，我们期望通过这次修订能有效地提高教材的整体质量，更好地服务于我国艺术设计高等职业教育。

前言
Foreword

宏伟而壮观的建筑，优美的街景，典雅而华丽的内部空间，无一不是由材料的堆砌和技术的支撑来完成的，当今建筑装饰装修无处不体现材料和技术的魅力所在。随着现代化的进程和科学的进步，涌现出大量的新材料、新技术、新工艺，并被广泛应用于建筑装饰装修中。现代室内装饰装修已从过去单纯追求美观、美化的表面装饰，逐渐发展成一门集设计艺术、材料、工程技术、声、光等于一身的综合性很强的学科。

室内装饰材料与构造是高校室内设计专业必修的一门专业课程。它以构造技术为主，装饰材料为辅，强调构造技术和装饰材料与施工工艺的联系。以实用为目的，以直观、易懂为特点，综合室内设计方面的知识，将艺术与技术、理论与实际有机结合，使之融为一体。

本教程为适应高职高专培养应用型人才的特点，以应用为宗旨，强调针对性和实用性。改变了过去室内设计专业重设计理论、风格样式，轻材料，忽略构造技术、施工工艺，理论与实际应用严重脱节的概念化、形式化的传统教学模式。让学生在学习中实践，在实践中应用，在应用中掌握，使之有一定的变通能力。同时，懂得好的设计理念、方案构思、效果图的表述等固然重要，但室内设计毕竟是一门综合性的学科，它必须通过材料与技术的架构才能转化成"产品"。一切设计最终只有通过"产品"，才能体现设计者的设计理念、风格特征及满意的效果，只有这样才算得上是一个完美的设计作品。如果优秀的设计，都只停留在图纸上、电脑里，那将失去根本的目的。

本教程着重通过室内装饰材料和构造技术的学习，使学生明白材料与构造是室内设计的载体，是通往成功的桥梁，是表达设计意图的宗旨。一切设计意图都是通过合理的材料、正确的构造技术、精湛的工艺来实现的。

本教程是对多年来教学经验的总结。它虽然是针对高职高专教学而编写的，但在内容的编排上还考虑了其他学科和专业的需要，因此本教程也适用于艺术院校和其他院校室内设计专业的本科教学。

由于编者水平有限，加之时间仓足，书中难免有诸多缺点和错误，恳请有关专家和广大读者批评指正，以便不断的修正完善。

最后特别感谢丛书的主编沈渝德教授在本书的编写过程中给予的关心和帮助，同时向西南师范大学出版社的领导和编辑，以及众多参考文献中的作者致以诚挚的谢意。

目录 Contents

教学导引 1

第一教学单元 天棚装饰 3
一、概述 3
二、天棚装饰的设计原则和要求 4
三、天棚的分类 4
（一）直接式天棚 5
（二）悬吊式天棚 6
四、天棚装饰材料 6
（一）骨架材料 6
（二）覆面材料 8
五、直接抹灰、喷（刷）天棚构造 9
六、悬吊式天棚构造 9
（一）木骨架胶合板吊顶 9
（二）轻钢龙骨纸面石膏板吊顶 11
（三）T型铝合金龙骨矿棉板吊顶 15
（四）铝合金装饰板吊顶 17
七、天棚特殊部位的装饰构造 22
（一）天棚与灯具的构造 22
（二）天棚与通风口、检修口的构造 24
（三）天棚与窗帘盒的构造 24
（四）天棚装饰线 25
单元教学导引 26

第二教学单元 楼地面装饰 27
一、概述 27
二、室内楼地面装饰功能及要求 27
三、室内楼地面的组成 28
四、室内楼地面材料的选用原则 28
五、室内楼地面的分类 29
六、水泥类楼地面 29
七、陶瓷类楼地面 29
（一）陶瓷的基本知识 29
（二）室内常用陶瓷地面砖 30
（三）陶瓷地面砖的铺设 31
（四）锦砖地面的铺设 32
八、石材类楼地面 33
（一）天然石材 33
（二）人造石材 34
（三）石材地面的基本构造 35
九、木质类楼地面 35
（一）木质楼地面的类型 36
（二）木质楼地面的基本构造 36
十、地毯类楼地面 40
（一）地毯的分类及性能 41
（二）地毯的铺贴工艺 42
十一、塑料类楼地面 43
单元教学导引 45

第三教学单元 墙面装饰 46
一、概述 46
二、室内墙面装饰功能与要求 46
三、室内墙面材料的特征及类型 47
四、抹灰类墙面 47
五、贴挂类墙面 48

六、胶粘类墙面 53
（一）胶粘类墙面的功能与类型 53
（二）木板贴墙装饰 53
（三）木板贴墙构造 54
（四）金属饰面板贴墙装饰 55
（五）玻璃贴面装饰 58
（六）塑料饰面板贴墙装饰 62
七、裱糊类墙面 63
（一）裱糊类墙面的种类与特点 63
（二）裱糊类墙面构造 63
八、喷涂类墙面 64
（一）涂料的历史 65
（二）油漆的功能与作用 65
（三）油漆的组成与选择原则 65
（四）常用油漆种类 65
（五）油漆饰面构造 66
（六）建筑涂料的作用与特点 67
（七）常用内墙涂料的类型与选择 67
（八）内墙涂料的施工工艺 68
单元教学导引 69

第四教学单元 门窗装饰 70
一、概述 70
二、门窗的功能与作用 71
三、门窗的分类与尺度 71
（一）门的分类 71
（二）门的尺度 72
（三）窗的分类 72
（四）窗的尺度 72
四、木门窗的组成与构造 74
（一）木平开门的组成 74
（二）木平开门的构造 74
（三）木平开窗的组成 78
（四）木平开窗的构造 79
（五）金属和塑料门窗及构造 80
单元教学导引 81

第五教学单元 楼梯装饰 82
一、概 述 82
二、楼梯的组成 82
（一）楼梯段 82
（二）楼梯平台 82
（三）楼梯栏杆与扶手 83
三、楼梯分类 84
四、楼梯的设计与尺度 85
（一）楼梯设置原则 85
（二）楼梯的尺度 85
五、楼梯装修构造 87
（一）楼梯踏步面层 87
（二）楼梯栏杆 88
（三）楼梯扶手 89
单元教学导引 91
主要参考文献 92

教学导引

一、教学基本内容设定

室内装饰材料与构造是室内设计专业的一门专业必修课程。它着重研究建筑内部各界面的装饰装修方法、形态、构造原理和施工工艺，介绍室内空间常用装饰装修材料的基本性能、特征、规格，以及在具体的选择和应用中与空间环境之间各组成部分的相互关系。同时，要求学生熟练掌握建筑装修施工图的绘制与表述。因而也是一门艺术与技术结合非常紧密的综合性很强的工程技术课程。

本教程根据高职高专培养应用型人才的特点，特设定天棚、楼地面、墙面、门窗、楼梯等五个教学单元。它们是室内设计最基本的几大要素，也构成了本教程以各界面的装饰形式和内部空间构造技术为主，装饰装修材料为辅的基本内容。同时，充分考虑高职教育是以培养应用型技术人才这一主线来设计、确定教程和教学内容，强调构造技术和装饰装修材料与施工工艺的联系，以实用为目的，以直观、易懂为特点，为学生提供一个完整的，能和室内装饰设计紧密结合的，能较快应用于实际工程之中的教程。

二、教程预期达到的教学目标

室内装饰材料与构造是一门技术性和实践性很强的课程。室内装饰装修材料广而杂，包罗万象，新材料、新技术层出不穷。在教学活动中不可能，也没有必要面面俱到地去讲授和要求学生掌握所有知识。主要以了解、熟悉各种常用及最新装饰装修材料的基本性能、特征、规格为主。而重点应放在构造原理，施工工艺，细部处理以及各种材料相互搭接时各界面之间的关系等方面，懂得将材料、构造、工艺融为一体，形成统一的装饰效果。

通过对室内装饰装修材料的讲解与观摩，使学生有一个感性的认识，以便在设计中合理选用。同时，通过对内部各界面及门窗、楼梯施工结构图，节点详图的临摹，能熟练而准确地绘制出施工所需的大样图、节点图，并运用于实践中。此外通过本教程的学习，懂得设计中的一切意图、设想和愿望，都是通过适当的材料和正确的构造技术、施工工艺来实现的，这也是本教程的目的所在。

三、教程的基本体例架构

本教程的基本体例架构是从高职教育的实际状况出发，以"应用"为宗旨，以室内设计专业教学大纲规定的总学时为依据来建构教程体系。通过不同但相互关联的几个教学单元，循序渐进，深入浅出的教学模式和教学内容，强调现代设计教学的规律和要求，强调学生独立的自学能力和应用能力，使教程的设置和编排更加适应社会的发展和室内设计专业的教学需要。

本教程每个单元有明确的教学目标和要求，从具体材料入手，以构造技术、方法、工艺为支撑，将教学内容与单元教学目标、要求、教师和学生在教学活动中应把握的重点环节、注意事项以及教学结束时的小结要求和思考练习等紧密建构在一起，避免了传统而空洞的教学方式。使之提供一套全新而完整的教学体例架构，从而为教师和学生创造一个良好而适用的教学平台。

四、教程实施的基本方式与手段

本教程采用课堂讲授和实践相结合的教学模式，在讲授中理解，在实践中巩固。课堂讲授是一种行之有效的方式，但本课程是一门实践性很强的技术课程，教学中如果只采用教师讲、学生听再加示范图的传统教学模式，是不能完整而全面地将教程讲细、讲透，学生也不可能透彻理解教师所讲内容。因此要学生在课堂中理解、消化，必须通过直观的教学形式和手段，即讲授与各种材料实样和构造模型相结合，同时借用多媒体影像对典型或特殊的材料和构造技术、细部特征进行对比、分析，帮助学生直观而形象地把握、理解，使之达到融会贯通。

为了帮助学生更好、更快地把握、理解所学知识，必须理论与实践相结合。这就要求任课教师带领学生到装饰材料市场和施工现场进行调研、考察、观摩，使之更深入了解、认识、熟悉装饰材料的性能、特征、规格以及在施工中的具体应用，相互之间的关系和构造方法。使学生对材料、构造技术有一个感性认识，懂得艺术与技术的辨证关系。

作业是对所学知识的巩固和提高的必要手段，是培养学生动手能力的重要途径。本课程作业的设置分为思考题、临摹、命题、市场调研报告等几种形式。其中临摹是本教程最重要的作业形式，它看似简单，但通过对各种典型案例的构造大样图、细部节点详图进行全面而准确的临摹，可增强学生对各种构造原理、技术、方法的认识和理解，提高他们的实际操作能力，最终能正确地绘制出高水准的施工图，为今后的设计打下坚实的基础。

五、教学部门如何实施本教程

本教程是以高职高专为主要对象编写的一本实用性很强的教材，以应用为目的，强调针对性和实用性。在设计教学活动中可作为教师理论和实践讲授及学生学习的依据，让教师和学生在教学中做到心中有数，而不盲目，改变了高职高专设计类教学长期无正规教材的问题。通过本教程的实施可对任课教师的教学质量和进度进行有效的检查，对教学前的安排，教学中的实施，教学后的考评都有章可循，从而规范了教师的讲授内容、范围，避免无序的教学活动。同时为教学管理部门提供了一种全新的、科学的、合理的管理模式和思路，为正确评估教学水平、质量，提供了相应的依据。

六、教学实施的总学时设定

本课程与室内设计课程衔接非常紧密。要求学生必须具有一定的室内设计理论知识，有较熟练的手绘基础和CAD制图知识，因此本课程应安排在二年级上至三年级上进行，总学时设定为60至80学时为宜。课时数可根据学校的实际情况作适当的调整，但不得少于60学时。

七、任课教师把握的弹性空间

本课程有别于其他设计类教程，课程的内容和形式有很强的技术和操作规范，要求任课教师有较强的室内建筑装饰装修理论知识和丰富的施工实践经验。教师的教学活动和教学计划必须按本课程的特点和要求执行。课堂讲授中的理论阐述部分不应求全过深，更不能纠缠不清，重点应放在构造原理，施工技术方面。任课教师应根据设计类专业的教学特点，围绕中心，突出重点，简明易懂。同时还应结合教学总学时和学生自身水平的高低，对教学方法、计划、进程进行深浅适度的调整，尽量为任课教师留下一定的弹性空间，使教学活动和组织方式有一定的灵活性和创造性，让规范严谨的教学活动具备一定的可读性、趣味性，并充满个性化特点。

本课程的另一大特点是有较强的实效性。因此要求任课教师在讲授常用装饰装修材料与基本构造特征外，还应充分了解、掌握目前国内外最新的装饰装修材料、构造技术，补充进教学活动中，使学生在较早的时间了解、熟悉，把握新材料、新技术。

为了最大限度地发挥教与学的主动性，使理论和实际相结合，并在实践中理解与巩固。在教程的设置中我们为任课教师预留了较大的自主空间，让教师根据教学进度自行安排教学实践活动。教学实践活动以市场调研和施工现场观摩、考察两方面进行。实践活动中教师应以身作则，亲自带领，结合现场具体的装饰装修材料和构造方法、特点进行讲授，达到一目了然的效果，使学生少走弯路。

本教程的每个教学单元都为学生提供相应的思考题、临摹作业、命题作业，为任课教师提供了一个理性的思考范围，同时教师也可根据自己的教学经验和目前新材料、新技术对作业进行适度的调整，但必须符合本教程的基本要求和规范，不能脱离学生的具体情况，这样才能使他们有一个再提高，再巩固的机会。

第一教学单元

天 棚 装 饰

一、概 述

　　天棚在建筑装饰装修中又称顶棚、天花，一般是指建筑空间的顶部。作为建筑空间顶界面的天棚，可通过各种材料和构造技术组成形式各异的界面造型，从而形成具有一定使用功能和装饰效果的建筑装饰装修构件（图1-1）。

　　天棚是空间围合的重要元素，在室内装饰中占有重要的地位，它和墙面、地面构成了室内空间的基本要素，对空间的整体视觉效果产生很大的影响，天棚装修给人最直接的感受就是为了美化、美观。随着现代建筑装修要求越来越高，天棚装饰被赋予了新的特殊的功能和要求：保温、隔热、隔音、吸声等，利用天棚装修来调节和改善室内热环境、光环境、声环境，同时作为安装各类管线设备的隐蔽层（图1-2）。

图1-1 天棚通过材料与技术的处理可形成独特的界面语言，影响着整体空间效果

图1-2 天棚造型既满足空间的物理要求，又可遮掩管线设备

图1-4 手绘丝巾与顶界面的完美组合，营造出特定的风格与效果

天棚装修除了考虑建筑功能、建筑热工、建筑声学、设备安装、安全防火外，还应从内部空间形态、性质、用途、材料及装饰语言等诸方面综合加以考虑。

二、天棚装饰的设计原则和要求

天棚装饰设计因不同功能的要求，其建筑空间构造设计不尽相同。在满足基本的使用功能和美学法则基础上，还应满足以下要求。

空间舒适性：天棚在人的视觉中，占有很大的视阈性，特别是高大的厅堂和开阔的空间，天棚的视阈比值就更大。因此，设计时应考虑室内净空高度与所需吊顶的实际高度之间的关系，注重造型、色彩、材料的合理选用；并结合正确的构造形式来营造其舒适的空间氛围，对建筑顶部结构层起到保护、美化的作用，弥补土建施工留下的缺陷(图1-3)。

安全耐用性：由于天棚是吊在室内空间的顶部，天棚表面安装有各种灯具、烟感器、喷淋系统等，并且内部隐藏有各种管线、管道等设备，有时还要满足上人检修的要求，因此装饰材料自身的强度、稳定性和耐用性不仅直接影响到天棚装饰效果，还会涉及人身安全。所以天棚的安全、牢固、稳定、防火等十分重要。

材料合理性：天棚材料的使用和构造处理是空间限定量度的关键所在之一。应根据不同的设计要求和建筑功能、内部结构等特点，选用相应的材料。天棚材料选择应坚持无毒、无污染、环保、阻燃、耐久等原则。

图1-3 材料的合理搭配，使空间的舒适性更加协调统一

装饰性：要充分把握天棚的整体关系，做到与周围各界面在形式、风格、色彩、灯光、材质等方面协调统一，融为一体，形成特定的风格与效果(图1-4)。

三、天棚的分类

天棚的形式多种多样，随着新材料、新技术的广泛应用，产生了许多新的吊顶形式。

按不同的功能分有隔声、吸音天棚，保温、隔热天棚，防火天棚，防辐射天棚等。

按不同的形式分有平滑式、井字格式、分层式、浮云式等（图1-5）。

按不同的材料分有胶合板天棚、石膏板天棚、金属板天棚、玻璃天棚、塑料天棚、织物天棚等。

图 1-5-1 统一中求变化的井字格顶棚

图 1-5-2 分层顶棚营造出层次丰富的空间形态

图 1-6 朴素的清水界面利用自身的肌理，使空间具有强烈的视觉张力

图 1-7 平滑的抹灰顶棚与其他界面形成特定的空间形态

按不同的承受荷载分有上人天棚、不上人天棚。

按不同的施工工艺分有抹灰类天棚、裱糊类天棚、贴面类天棚、装配式天棚。

尽管天棚的装饰装修形式、手法、工艺等千变万化，但从构造技术上天棚可分为直接式和悬吊式两大类。

（一）直接式天棚

直接式天棚不用吊杆，直接在楼板结构层底部进行抹灰、镶板、喷（刷）、粘贴装饰材料的一种施工工艺。

直接式天棚主要有直接清水天棚、直接抹灰天棚、直接喷（刷）天棚、直接粘贴天棚。

1. 直接清水天棚：是利用混凝土自身的肌理、质感和模板的平整度作为装饰，不作任何形式的二次修饰(图1-6)。

2. 直接抹灰、喷（刷）、粘贴天棚：是在楼板结构层底面直接抹灰、喷（刷）涂料或粘贴装饰面层。属二次装饰行为(图1-7)。

直接式天棚不占室内空间的高度，造价低、施工简单、工期短、效果较好。常用于要求不高的家庭、办公楼、学校及特殊环境的天棚装饰。但直接式天棚不能遮盖管网、线路等设备。

（二）悬吊式天棚

悬吊式天棚又称吊顶，按结构形式可分为活动式、结构式、隐蔽式、开敞式等(图1-8)。

悬吊式天棚是现代室内装饰装修中广泛采用的一种天棚形式，主要由吊杆、龙骨、各种连接件和覆面材料组成，相对于直接式天棚其构造技术要复杂许多。悬吊式天棚不仅可将各种管线和空调、通风管道等设备隐藏其中；还可利用空间高度的变化，进行天棚的叠级造型处理，丰富空间层次，创造出多变的光环境。悬吊式天棚形式感强，变化丰富，装饰效果好，适用于各种场所(图1-9)。

图1-8-1 大尺度的钢架式结构顶棚

四、天棚装饰材料

选用何种天棚材料及构造方式，应根据室内空间尺度、建筑结构、设计要求来决定。室内装修工程常用吊顶材料分骨架(龙骨)材料和覆面材料两大类。

（一）骨架材料

骨架材料在室内装饰装修中主要用于天棚、墙体(隔墙)、棚架、造型、家具的骨架，起支撑、固定和承重的作用。室内装修工程常用骨架材料有木质和金属两大类。

1. 木骨架材料

吊顶木龙骨材料分为内藏式木骨架和外露式木骨架两类。

(1) 内藏式木骨架：隐藏在天棚内部，起支撑、承重的作用，其表面覆盖有基面或饰面材料。一般用针叶木加工成截面为方形或长方形的木条。

(2) 外露式木骨架：直接悬吊在楼板或装饰面层上，骨架上没有任何覆面材料，如外露式格栅、棚架、支架及外露式家具骨架，属于结构式天棚吊顶。主要起装饰、美化的作用，常用阔叶木加工而成。

2. 金属骨架材料

室内装修工程常用金属吊顶，骨架材料有轻钢龙骨和铝合金龙骨两大类。

图1-8-2 开敞式天棚将梁、风管完全暴露，提供了更开阔的空间

(1) 轻钢龙骨：是以镀锌钢板或冷轧钢板经冷弯、滚轧、冲压等工艺制成，根据断面形状分为U型龙骨、C型龙骨、V型龙骨、T型龙骨。

U型龙骨、T型龙骨：主要用来做室内吊顶又称吊顶龙骨。U型龙骨有38、50、60三种系列，其中50、60系列为上人龙骨，38系列为不上人龙骨。

C型龙骨：主要用于室内隔墙又叫隔墙龙骨，有50和75系列。

V型龙骨：又叫直卡式V型龙骨，是近年来较流行的一种新型吊顶材料。

轻钢龙骨应用范围广，具有自重轻，刚性强度高，防火、防腐性好，安装方便等特点，可装配化施工，适应多种覆面（饰面）材料的安装。

(2) 铝合金龙骨：是铝材通过挤（冲）压技术成型，表面施以烤漆、阳极氧化、喷塑等工艺处理而成，根据其断面形状分为T型龙骨、LT型龙骨。

铝合金龙骨质轻有较强的抗腐蚀、耐酸碱能力，防火性好，加工方便，安装简单等特点。

铝合金T型、LT型吊顶龙骨，根据矿棉板的架板形式又分为明龙骨、暗龙骨两种。明龙骨外露部位光亮、不生锈、色调柔和，装饰效果好，它不需要大幅面的吊顶板材，因此多种吊顶材料都适用。铝合金龙骨适用于公共建筑空间的顶棚装饰。

铝合金T型、LT型龙骨，因厂家不同而有各自的产品系列，但其主龙骨的长度一般为600mm和1200mm两种，次龙骨长度一般为600mm。

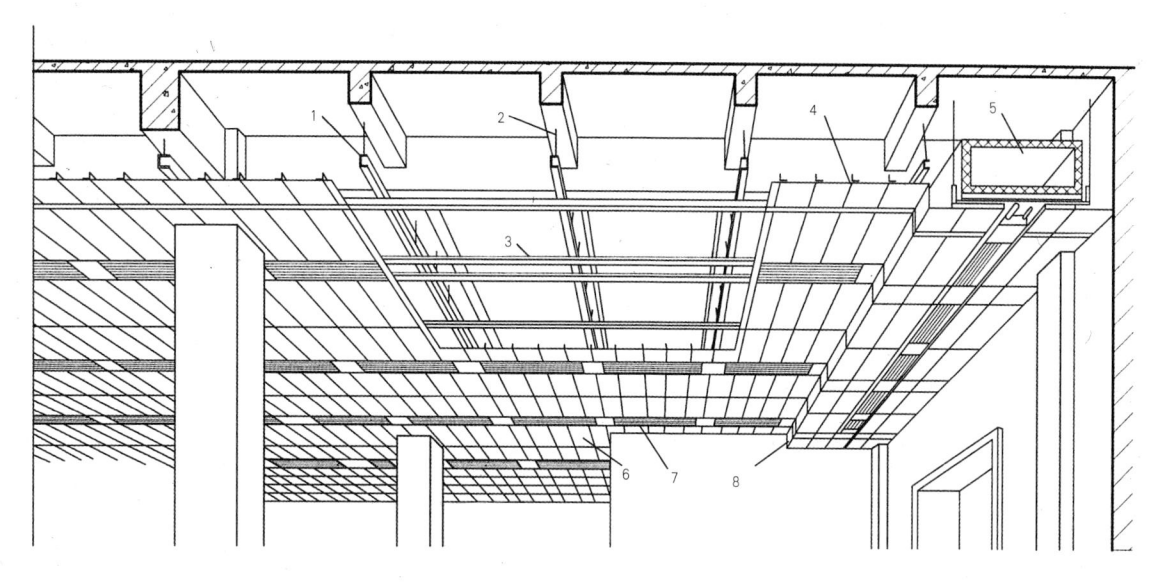

1 主龙骨　2 吊筋　3 次龙骨　4 间距龙骨　5 风道　6 吊顶面层　7 灯具　8 出风口

（1）悬挂在屋面下的吊顶构造

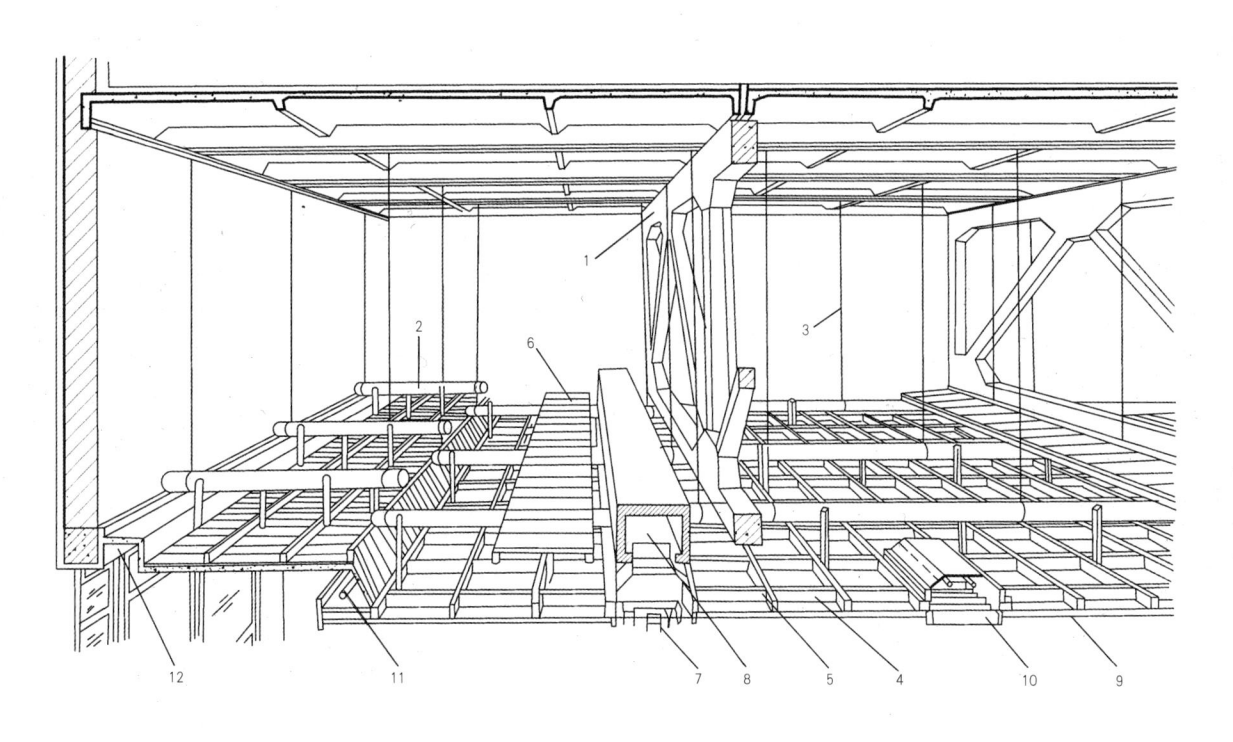

1 屋架　2 主龙骨　3 吊筋　4 次龙骨　5 间距龙骨　6 检修走道　7 出风口　8 风道　9 吊顶面层　10 灯具　11 暗藏式灯槽　12 窗帘盒

（2）上人吊顶天棚构造

图 1-9 悬吊式顶棚

（二）覆面材料

覆面材料通常是安装在龙骨材料之上，可以是粉刷或胶粘的基层，也可以直接由饰面板作覆面材料。室内装饰装修中用于吊顶的覆面材料很多，常用的有胶合板、纸面石膏板、装饰石膏板、矿棉装饰吸声板、金属装饰板等。

1．胶合板

胶合板又叫木夹板，是将原木蒸煮，用旋切或刨切法切成薄片，经干燥、涂胶，按奇数层纵横交错黏合、压制而成，故称之为三层板、五层板、七层板、九层板等。胶合板一般作普通基层使用，多用于吊顶、隔墙、造型、家具的结构层。

胶合板规格较多，常见的有915mm×915mm、1220mm×1830mm、1220mm×2440mm。厚度有3mm、3.5mm、5mm、5.5mm、6mm、7mm、8mm。

2．石膏板

用于顶棚装饰的石膏板，主要有纸面石膏板和装饰石膏板两类。

（1）纸面石膏板：按性能分有普通纸面石膏板、防火纸面石膏板、防潮纸面石膏板三类。它们是以熟石灰为主要原料，掺入普通纤维或无机耐火纤维与适量的添加剂、耐水剂、发泡剂，经过搅拌、烘干处理，并与重磅纸压合而制成。

纸面石膏板具有质轻、强度高、阻燃、防潮、隔声、隔热、抗振、收缩率小、不变形等特点。其加工性能良好，可锯、可刨、可粘贴，施工方便，常作室内装修工程的吊顶、隔墙用材料。

纸面石膏板的常用规格长度有1800mm、2100mm、2400mm、2700mm、3000mm、3300mm、3600mm；宽度有900mm、1200mm；厚度有9.5mm、12mm、15mm、18mm、21mm。

（2）装饰石膏板：采用天然高纯度石膏为主要原料，辅以特殊纤维、胶粘剂、防水剂混合加工而成。表面经过穿孔、压制、贴膜、涂漆等特殊工艺处理。该石膏板高强度且经久耐用，防火、防潮、不变形、抗下陷、吸声、隔音、健康安全。施工安装方便，可锯、可刨、可粘贴。

装饰石膏板品种类型较多，有压制浮雕板、穿孔吸声板、涂层装饰板、聚乙烯复合贴膜板等不同系列。可结合铝合金T型龙骨广泛用于公共空间的顶棚装饰。常用规格为600mm×600mm，厚度为7~13mm。

3．矿棉装饰吸声板

矿棉装饰吸声板以岩棉或矿渣纤维为主要原料，加入适量黏结剂、防潮剂、防腐剂经成型、加压烘干、表面处理等工艺制成。具有质轻、阻燃、保温、隔热、吸声、表面效果美观等优点。长期使用不变形，施工安装方便。

矿棉装饰吸声板花色品种繁多，可根据不同的结构、形式、功能、环境进行分类。

根据功能分有普通型矿棉板、特殊功能型矿棉板；根据矿棉板边角造型结构分有直角边（平板）、切角边（切角板）、裁口边（跌级板）；根据矿棉板吊顶龙骨分有明架矿棉板、暗架矿棉板、复合插贴矿棉板、复合平贴矿棉板，其中复合插贴矿棉板和复合平贴矿棉板需和轻钢龙骨纸面石膏板配合使用；根据矿棉板表面花纹分有平板、滚花板、浮雕板、印刷板、立体板等类型。

矿棉板常用规格有495mm×495mm、595mm×595mm、595mm×1195mm，厚度为9~25mm。

4．金属装饰板

金属装饰板是以不锈钢板、铝合金板、薄钢板等为基材，经冲压加工而成。表面作静电粉末、烤漆、滚涂、覆膜、拉丝等工艺处理。金属装饰板自重轻、刚性大、阻燃、防潮、色泽鲜艳、气派、线型刚劲明快，是其他材料所无法比拟的。多用于候车室、候机厅、办公室、商场、展览馆、游泳馆、浴室、厨房、地铁等天棚、墙面装饰。

金属装饰板吊顶以铝合金天花最常见，它们是用高品质铝材通过冲压加工而成。按其形状分为铝合金条形板、铝合金方形板、铝合金格栅天花、铝合金挂片天花、铝合金藻井天花等，表面分有孔和无孔。

铝合金装饰天花构造简单，安装方便，更换随意，装饰性强，层次分明，美观大方。其型号、规格繁多，各厂家的品种、规格有所不同。

5．埃特装饰板

埃特装饰板是以优质水泥、高纯石英粉、矿物质、植物纤维及添加剂经高温、高压蒸压处理而制成的一种绿色环保、节能的新型装饰板材。此板具有质轻而强度高，保温隔热性能好，隔音、吸声性能好，使用寿命长、防水、防霉、防蛀、耐老化、阻燃等优点。安装快捷、可锯、可刨、可用螺钉固定等优点。适用于室内外各种场所的隔墙、吊顶、家具、地板等，它种类较多，有吊顶板、隔墙板、隔音板、贴瓷砖板、弯曲板、外墙板等。规格有600mm×600mm、1220mm×2440mm，根据用途不同厚度为4~18mm。

6. 硅钙板

其原料来源广泛。可采用石英砂磨细粉、硅藻土或粉煤灰；钙质原料为生石灰、消石灰、电石泥和水泥、增强材料为石棉、纸浆等。原料经配料、制浆、成型、压蒸养护、烘干、砂光而制成。具有强度高、隔声、隔热、防水等性能。规格为500mm×500mm、600mm×600mm，厚度为4～20mm。

五、直接抹灰、喷（刷）天棚构造

直接抹灰、喷（刷）天棚构造工艺简便而快捷，在楼板结构层底面抹水泥砂浆或水泥石灰砂浆，抹灰厚度为2～6mm，再用腻子刮平，涂料喷（刷）2～3遍。此外，也可在水泥砂浆层上粘贴装饰石膏板或其他饰面材料。直接式天棚要求楼板结构层表面平整度较高，其支模技术与模板的质量直接影响天棚的平滑程度，所以制模工艺必须按操作规范进行(图1-10)。

六、悬吊式天棚构造

悬吊式天棚，按材料不同可分为木骨架胶合板吊顶、轻钢龙骨纸面石膏板吊顶、矿棉装饰吸声板吊顶、铝合金装饰板吊顶等。

（一）木骨架胶合板吊顶

木龙骨胶合板吊顶，是使用较早的一种天棚装饰装修形式，一般由吊杆、主龙骨、次龙骨及胶合板四部分组成。它构造简单、造价便宜、承载量大(图1-11)。

当今室内装修工程中木龙骨胶合板吊顶虽不大面积使用，但在某些特殊场所和特殊造型部位，往往采用木龙骨解决设计所需及造型问题。木龙骨胶合板吊顶必须经过严格的防腐、防虫处理，同时须在其表面涂（刷）防火漆三遍。

1. 木材的基本性质

木材按树种分为针叶树和阔叶树两类。

针叶树树干通直而高大，易得大材，纹理顺直，材质均匀，含水率小，不易劈裂，不易变形，木质较软，故又称软木。针叶木力学强度适中，易加工，在室内装修工程中主要用于隐蔽部分及承重构件的用材。常见树木有松木、杉木、柏林等。

阔叶树亦称硬木，其通直部分较短、木质坚硬且重、强度高、易变形、较难加工。但纹理自然美观，是室内装修工程、家具及胶合板表面用材。常见树木有水曲柳、柚木、枫木、胡桃木等。

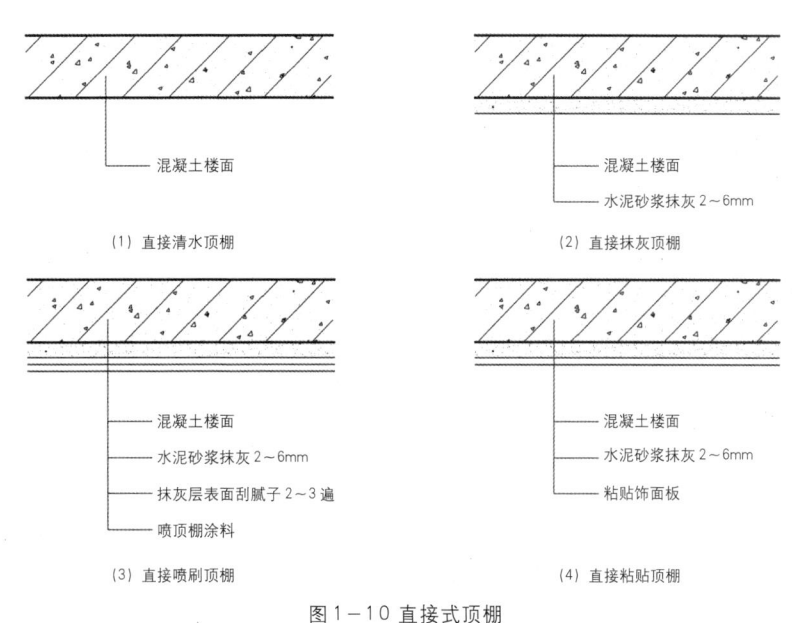

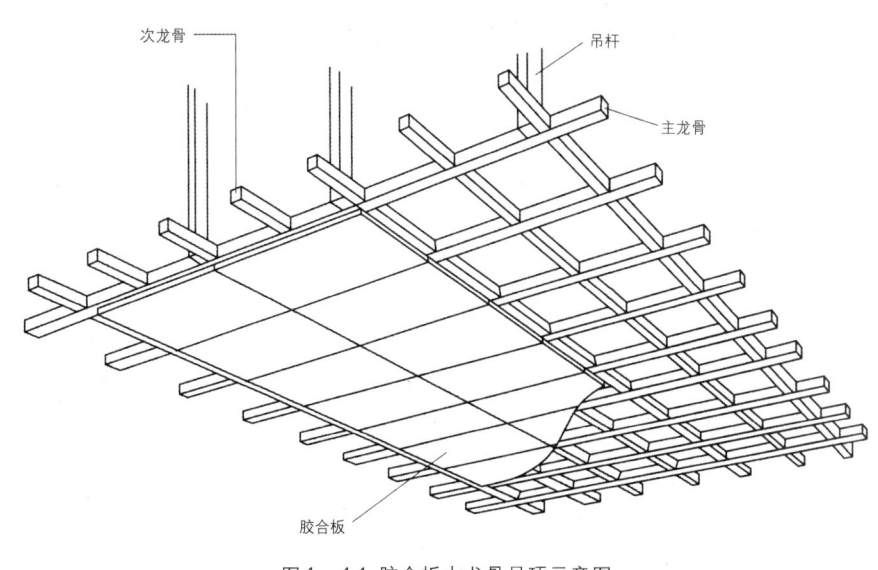

(1) 直接清水顶棚 —— 混凝土楼面

(2) 直接抹灰顶棚 —— 混凝土楼面 / 水泥砂浆抹灰2～6mm

(3) 直接喷刷顶棚 —— 混凝土楼面 / 水泥砂浆抹灰2～6mm / 抹灰层表面刮腻子2～3遍 / 喷顶棚涂料

(4) 直接粘贴顶棚 —— 混凝土楼面 / 水泥砂浆抹灰2～6mm / 粘贴饰面板

图1-10 直接式顶棚

图1-11 胶合板木龙骨吊顶示意图

2. 木龙骨胶合板吊顶构造要点

(1) 木龙骨应选用软质木材作吊顶材料,并加工成截面为正方形或长方形的木条,常用规格有40mm×40mm、40mm×60mm、50mm×70mm等,也可根据设计要求调整木龙骨的尺寸。

(2) 以胶合板尺寸模数,在木条上按305mm或407mm的尺寸画线并开凹形槽,然后按槽口与槽口相对的方法拼装成305mm×305mm或407mm×407mm的木龙骨网格,并在卡口顶部或两边用铁钉锁定,与罩面板接触的一面必须刨平。为提高工效,可先将木龙骨网格在地面上按片进行拼装,然后再整片吊起安装(图1-12)。

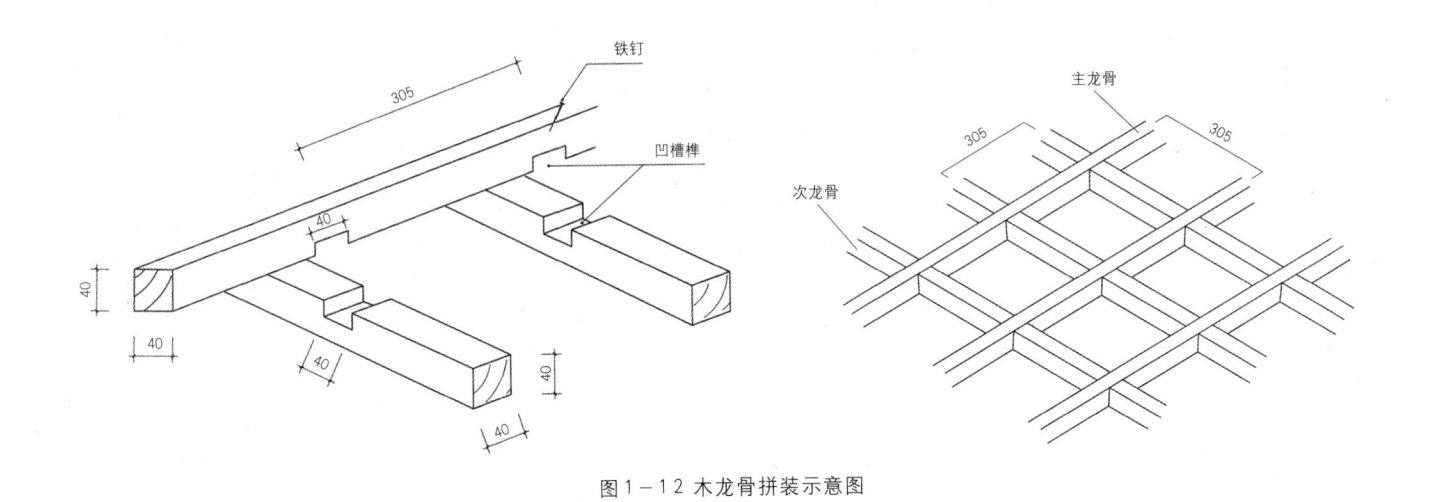

图1-12 木龙骨拼装示意图

(3) 在墙面和天棚弹水平线、吊杆安装线。吊杆可采用扁铁、圆钢、角钢、木方等材料,铁件表面应刷防锈漆。吊杆的大小及间距可根据木龙骨的大小以及上人或不上人的要求而定(图1-13)。

(4) 将拼装好的木龙骨网格与吊杆连接,木龙骨网格之间的对接处应保持在同一水平面上,两者之间用木方锁定并加以吊杆支撑(图1-14)。

(5) 木龙骨网格安装完毕后,按要求严格检查木龙骨高低叠级处及吊灯处的荷载,最后拉对角交叉线全面检查木龙骨网格的标高及平整度是否与设计相符。

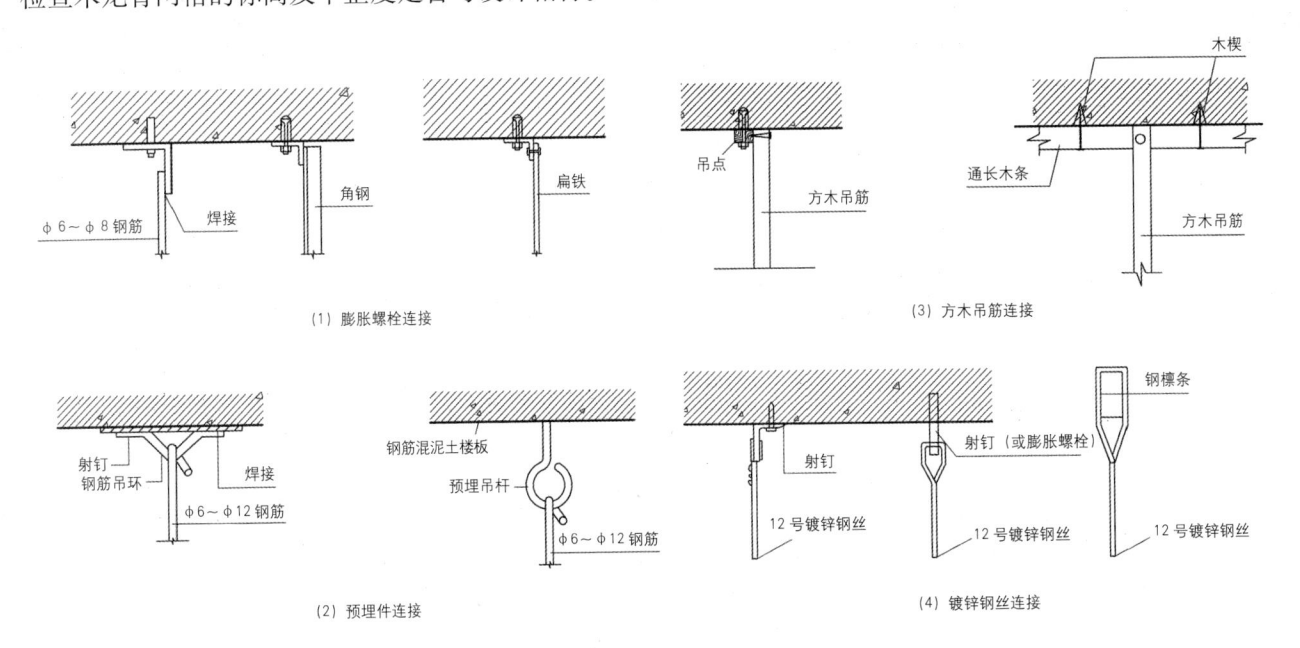

(1) 膨胀螺栓连接　　(2) 预埋件连接　　(3) 方木吊筋连接　　(4) 镀锌钢丝连接

图1-13 吊筋的连接方式

(6) 木龙骨吊顶检查调整完毕即可进行胶合板的安装。胶合板应选用厚度一致，表面平整光洁的三层板或五层板。

(7) 在胶合板正面，按龙骨网格结构弹装订线，以方便安装。同时标出天棚的检查口、风口、灯孔、喷淋头，以及其他应事先预留的设备位置。

(8) 在木龙骨网格表面刷乳白胶，同时用小铁钉或门型钉将胶合板按装订线铺钉于木龙骨架上，板与板之间应留2～5mm收缩缝，其处理方式一般有密缝、斜缝、立缝三种（图1-15）。

(9) 胶合板安装完毕，要检查板面是否有凹凸不平、翘边、钉裂及钉头有未沉入板面之处。随后在天棚和墙面相交处安装天花线（图1-16）。

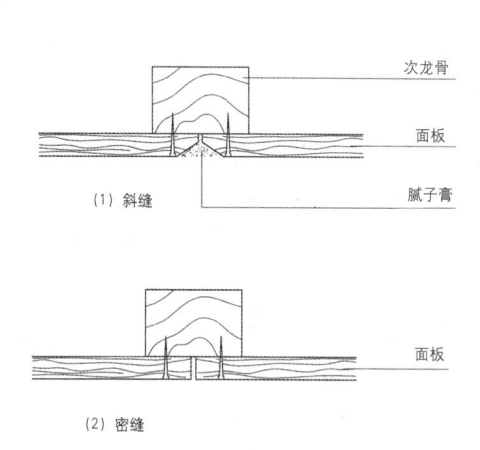

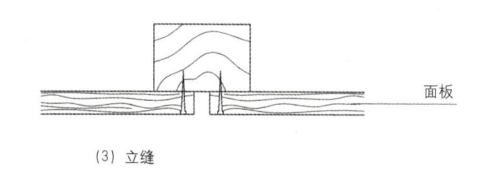

图1-14 吊杆的固定方法

图1-15 吊顶基层的拼缝处理

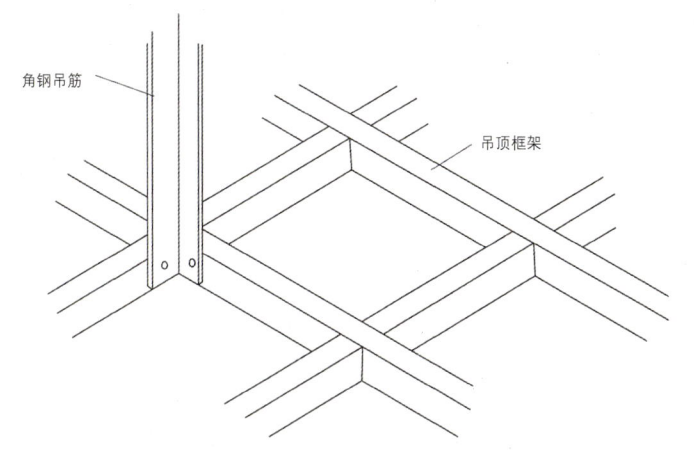

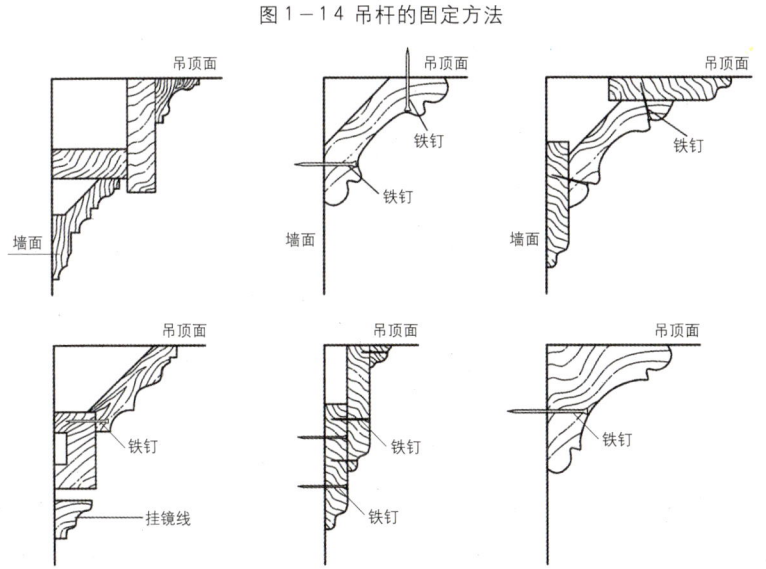

图1-16 天花线安装示意图

(10) 检查完毕后，可对板缝及钉眼进行油性腻子处理，并在接缝处用胶带覆盖，防止开裂。

(11) 最后板面满刮腻子灰2～4遍，打磨平整喷涂面漆或者裱糊墙纸。

另外，也可在基层板上粘贴其他饰面材料。

（二）轻钢龙骨纸面石膏板吊顶

轻钢龙骨纸面石膏板天棚，是当今普遍使用的一种吊顶形式，适应多种场所天棚的装饰装修，具有施工快捷、安装牢固、防火性能优等特点（图1-17）。常见吊顶用轻钢龙骨有U型龙骨和V型龙骨两类。

图1-17 轻钢龙骨纸面石膏板吊顶

1. U型轻钢龙骨纸面石膏板吊顶

U型轻钢龙骨主要由主龙骨、次龙骨、主龙骨吊挂件、次龙骨吊挂件、连接件、水平支托件、吊杆等组成（图1-18）。按主龙骨断面尺寸分为上人吊顶龙骨和不上人吊顶龙骨。

U型轻钢龙骨纸面石膏板吊顶构造要点：

(1) 弹线定位：按具体设计规定的天棚标高，在墙面四周弹标高基准线，高度必须测量准确，不得有误差。根据吊顶面的几何形状及尺寸大小，按上人或不上人的设计要求，确定主龙骨的布局方向，计算出承吊点数，同时在楼板结构层上弹线，确定吊杆及主龙骨位置。上人天棚吊杆间距通常为800～1000mm；不上人天棚吊杆间距通常为900～1200mm（图1-19）。

墙面与次龙骨的最大距离不超过200mm，同时按设计要求留出检查口、冷暖风口、排风口、灯孔，必要时须增加横撑龙骨及吊杆。用吊挂件把次龙骨扣牢于主龙骨之上，不得有松动及歪曲不直之处。

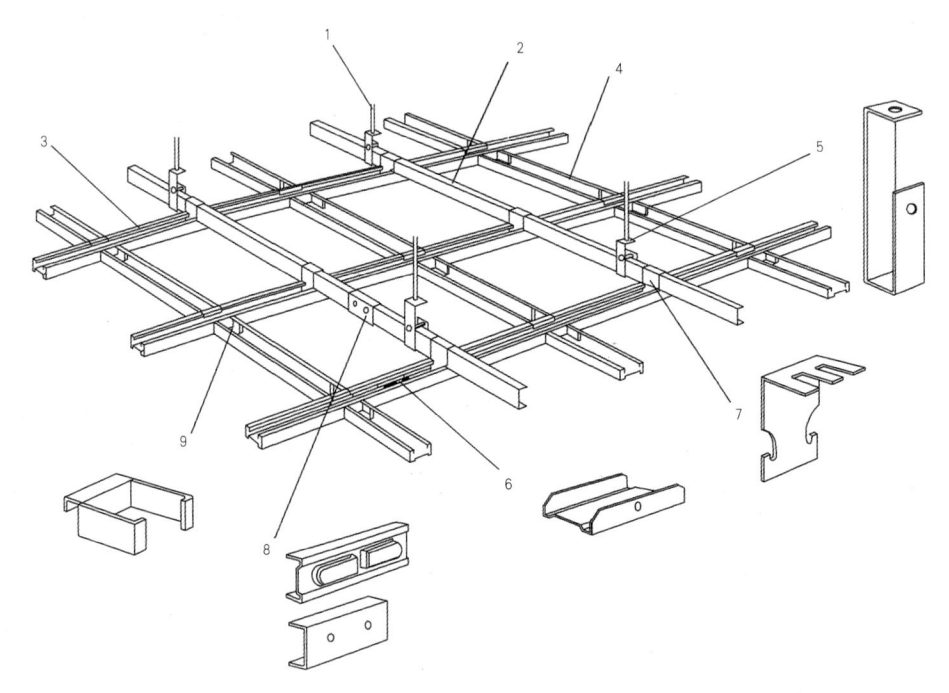

1 吊杆 2 主龙骨 3 次龙骨 4 横撑龙骨 5 吊挂件 6 次龙骨连接件 7 挂件 8 主龙骨连接件 9 龙骨支托（挂插件）

图1-18 U型轻钢龙骨装配示意图

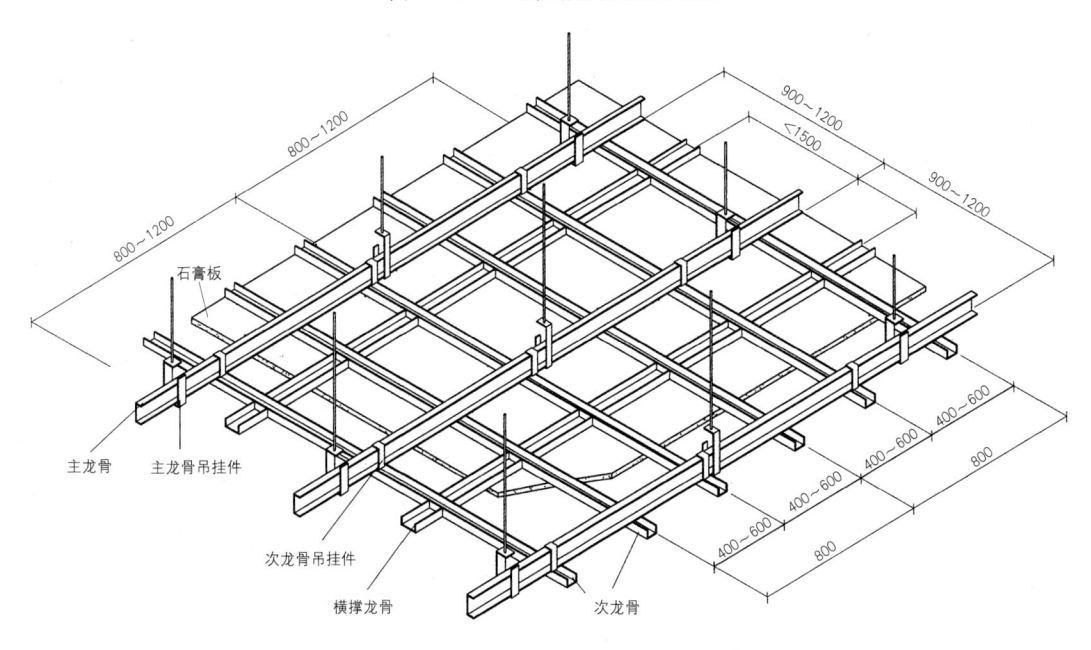

图1-19 轻钢龙骨纸面石膏板吊顶示意图

(2) 全面检查校正：龙骨架安装完毕后，检查主龙骨、次龙骨、吊挂件、连接件等之间的牢固度，特别应对上人龙骨进行多部位加载检查。校正主龙骨、次龙骨的位置和水平度，保证龙骨架达到设计所需的要求。龙骨架按3/1000的拱度进行调平。

(3) 安装纸面石膏板：纸面石膏板的长边与主龙骨平行，与次龙骨垂直交叉，从吊顶的一端错缝安装，逐块排列，板与板之间应留3~5mm的缝。纸面石膏板用自攻螺钉固定在次龙骨上，螺钉中距150~200mm，钉头略沉入板面，螺钉应作防锈处理，并用腻子膏抹平(图1-20、1-21)。

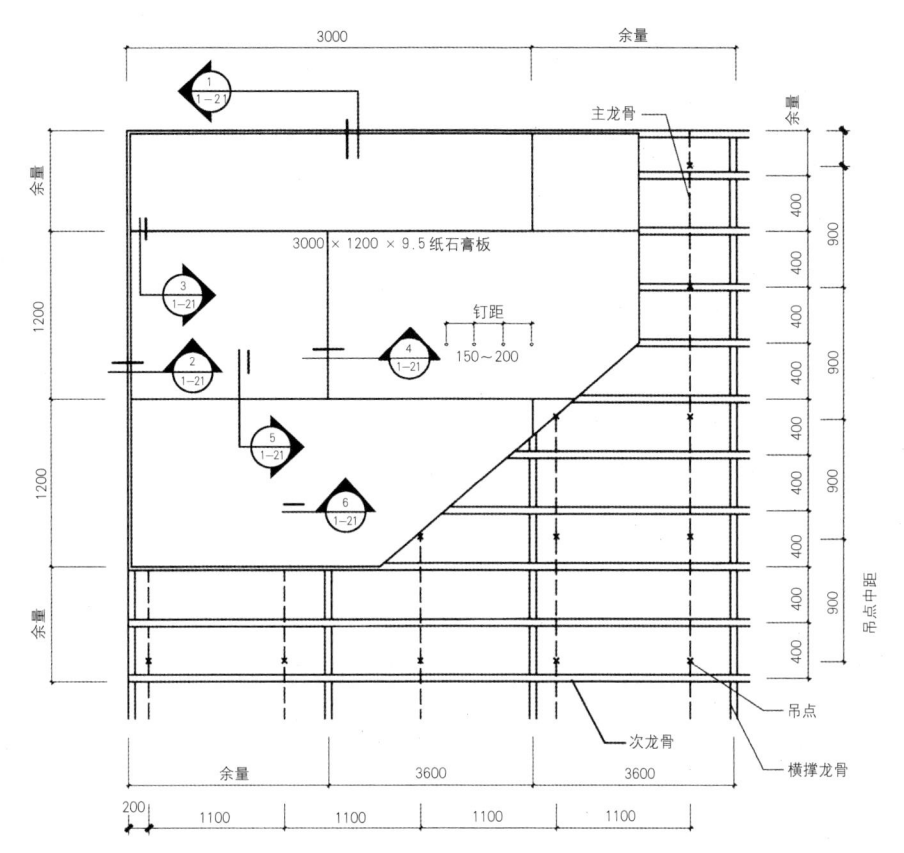

图1-20 轻钢龙骨纸面石膏板安装示意图

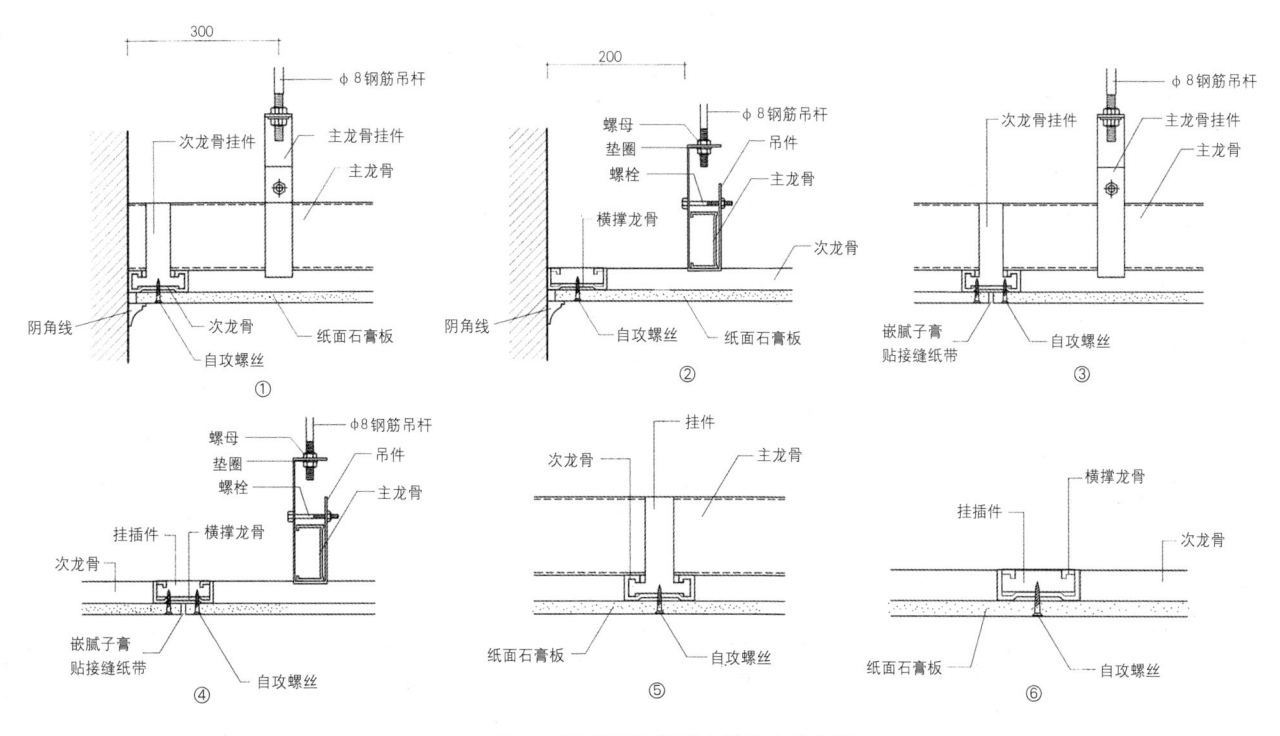

图1-21 纸面石膏板安装节点示意图

(4) 嵌缝刮腻子膏：用刮刀将嵌缝腻子膏均匀饱满地刮入板缝内，待腻子膏充分干燥后再用接缝纸带粘贴密封牢固。然后满刮腻子灰3～4遍，最后打磨平整喷（涂）面漆或者裱糊墙纸。

(5) 安装天花线：最后在顶棚与墙面的交界处安装天花阴角线。阴角线以木质、石膏、大理石最为常见(图1-16)。

2．V型轻钢龙骨纸面石膏板吊顶

V型龙骨又叫V型卡式龙骨吊顶，是当今建筑内部天棚装修工程较普遍采用的一种吊顶形式。它主要由主龙骨、次龙骨、吊杆等组成(图1-22)。V型龙骨构造工艺简单，安装便捷。主龙骨与主龙骨、次龙骨与次龙骨、主龙骨与次龙骨均采用自接式连接方式，无需任何多余附接件。此外V型卡式龙骨吊顶的最大优点是在装配龙骨架的同时就可进行校平并安装纸面石膏板。因而节省施工时间，提高了工作效率(图1-23)。

V型轻钢龙骨纸面石膏板吊顶构造要点：

(1) 弹线定位、固定吊杆和U型轻钢龙骨纸面石膏板吊顶构造方法相同。

(2) 安装主龙骨：把主龙骨直接套入吊杆下端，拧紧螺帽，按3/1000的拱度进行调平。主龙骨和主龙骨端部接口处与吊杆的距离不大于200mm，否则应增设吊杆(图1-24)。主龙骨的安装间距一般为900～1200mm，起止端部离承吊点最大距离不大于300mm(图1-25-(1))。

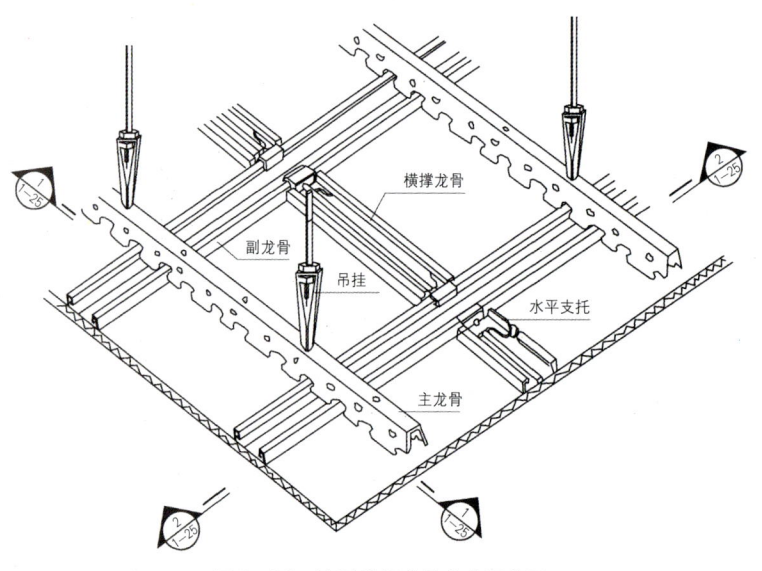

图1-22 V型轻钢龙骨安装示意图

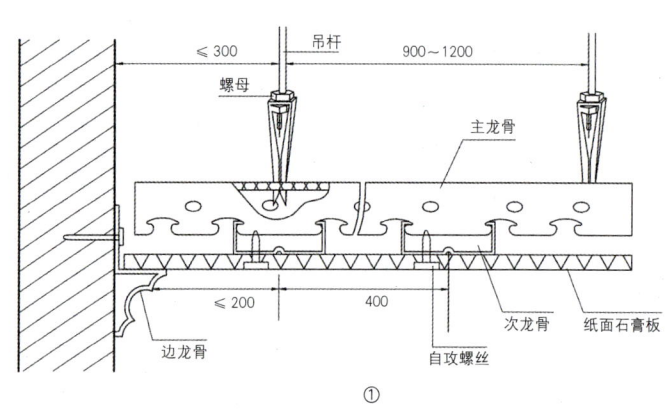

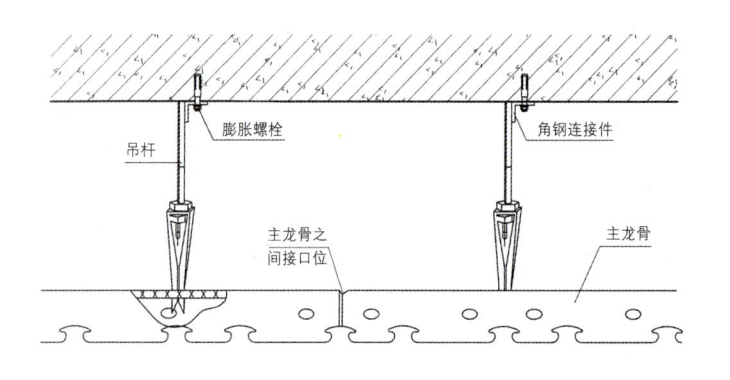

图1-24 V型主龙骨的连接方法

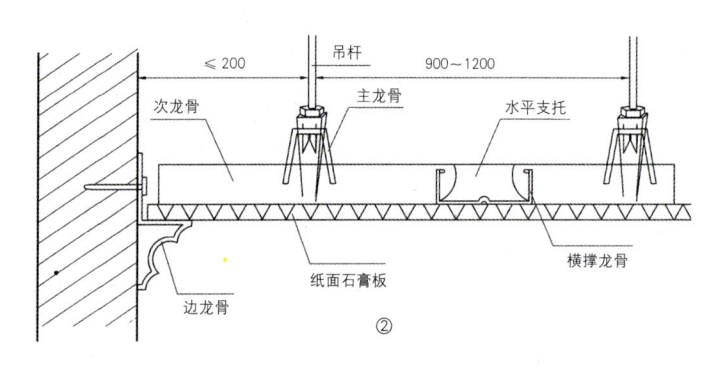

图1-25 V型轻钢龙骨安装节点示意图

（3）安装次龙骨：根据墙面的标高基准线沿四周墙面安装边龙骨，然后将次龙骨直接卡入主龙骨的卡口内。次龙骨的安装间距一般为400～600mm，与墙面的最大距离不超过200mm（图1-25-(2)），同时按设计要求留出检查口、冷暖风口、排风口、灯孔，必要时须增加横撑龙骨及吊杆。

（4）全面检查校正、安装纸面石膏板、嵌缝刮腻子灰和U型轻钢龙骨纸面石膏板吊顶构造方法同理。

（三）T型铝合金龙骨矿棉板吊顶

铝合金龙骨矿棉装饰吸声板吊顶是公共空间天棚装饰应用最为广泛、技术较为成熟的一种（图1-26）。其中T型、LT型铝合金龙骨最为常见，它由主龙骨、次龙骨、边龙骨、连接件、吊杆组成。具有重量轻、尺寸精确度高、装饰性能好、构造形式灵活多样，安装简单等优点。矿棉板吊顶龙骨的安置形式多样，但其构造做法基本相同。

图1-26 矿棉板吊顶形成整齐而统一的布局

T型铝合金龙骨吊顶构造要点（图1-27）：

1. 弹线定位：按设计要求，在墙面四周确定标高线和龙骨、吊杆布置分格线，根据矿棉板的尺寸计算出承吊点数及主龙骨、吊杆的间隔距离。

2. 固定吊杆：将膨胀螺栓预埋在楼板结构层内并与吊杆连接，吊杆常为$\phi 6$～$\phi 8$的钢筋或镀锌铁丝，间距为900～1200mm。T型、LT型铝合金龙骨为不上人龙骨。

3. 固定边龙骨：沿墙面四周水平标高线安装边龙骨，边龙骨起支撑面板和边缘封口的作用。

4. 安装主龙骨：根据设计要求，把主龙骨安装在吊杆下端略高于墙面水平标高线，并做临时固定，同时紧固螺栓。

5. 安装次龙骨：次龙骨安装在主龙骨之间并连接牢固。次龙骨应定位准确，与主龙骨十字交叉，紧贴主龙骨。安装时按设计要求留出灯孔、排风口、冷暖风口的位置，其四周应增加横支撑与吊杆。

安装主龙骨与次龙骨时，应在龙骨下方设置水平控制线，保证龙骨架的平整度。

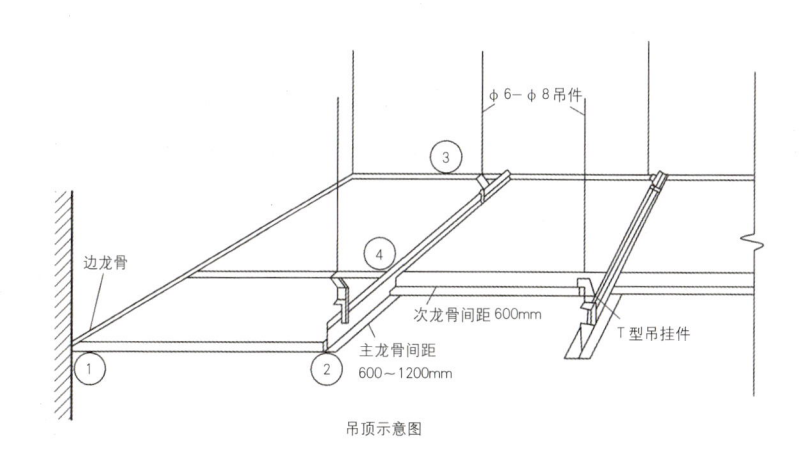

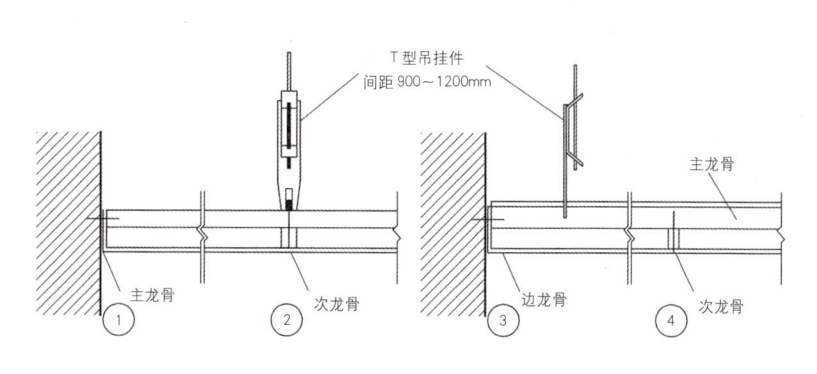

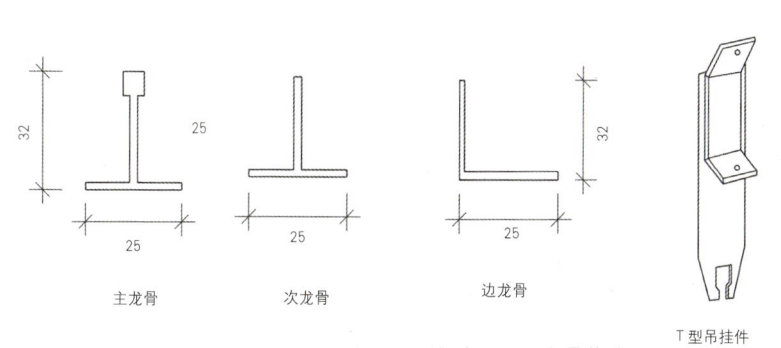

图1-27 T型、LT型铝合金吊顶龙骨构造

6．龙骨架检查校平：龙骨架安装完毕后，检查主龙骨、次龙骨、吊挂件、连接件等之间的牢固度，校正主龙骨、次龙骨的位置和水平度，保证龙骨架达到设计所需的要求。

7．安装矿棉板：矿棉板根据其边口构造形式，有直接平放法（明架龙骨吊顶）、企口嵌装法（暗架龙骨吊顶或半暗架龙骨吊顶）、粘贴法三种安装形式(图1-28)。

(1) 直接平放法（明架龙骨）：直接将矿棉板搁置在T型龙骨架上，操作简单，拆换方便。在吊顶正面形成整齐的龙骨框架和几何形块状分割(图1-29)。

(2) 企口嵌装（暗架龙骨）：将矿棉板四边的企口，对准龙骨架的边缘，逐一插入龙骨架中，板与板之间用龙骨插片连接。在吊顶正面形成整体而统一的花纹图案(图1-30)。

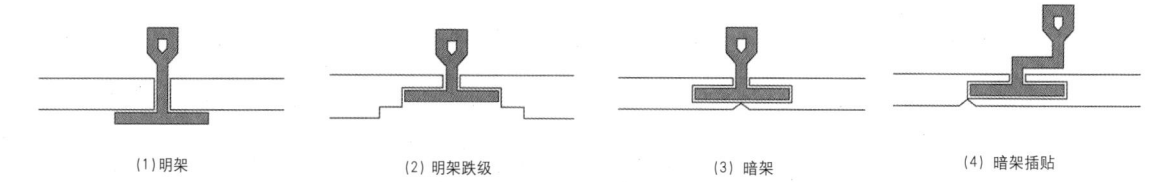

(1) 明架　　(2) 明架跌级　　(3) 暗架　　(4) 暗架插贴

图1-28　T型龙骨与矿棉板搭接方法

图1-29 明龙骨吊顶示意图

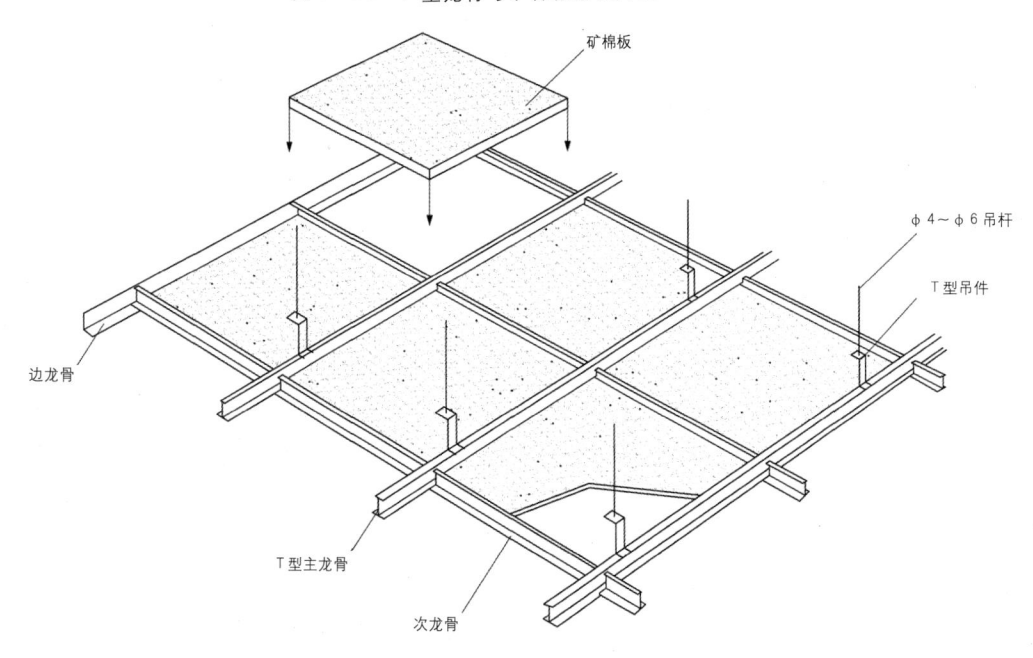

图1-30 暗龙骨吊顶示意图

(3) 粘贴法：是在矿棉板背面涂胶粘剂，再平贴于石膏板上，同时用直钉或门型钉在板面或边口加以固定（图1-31）。

矿棉板搁置安放时，需留有板材安装缝，每边缝隙不宜大于1mm，缝与缝之间必须十分平直，板缝接头必须一致。安装完成后，吊顶面应十分平整。整个吊顶表面的平整度偏差一般不大于2mm。

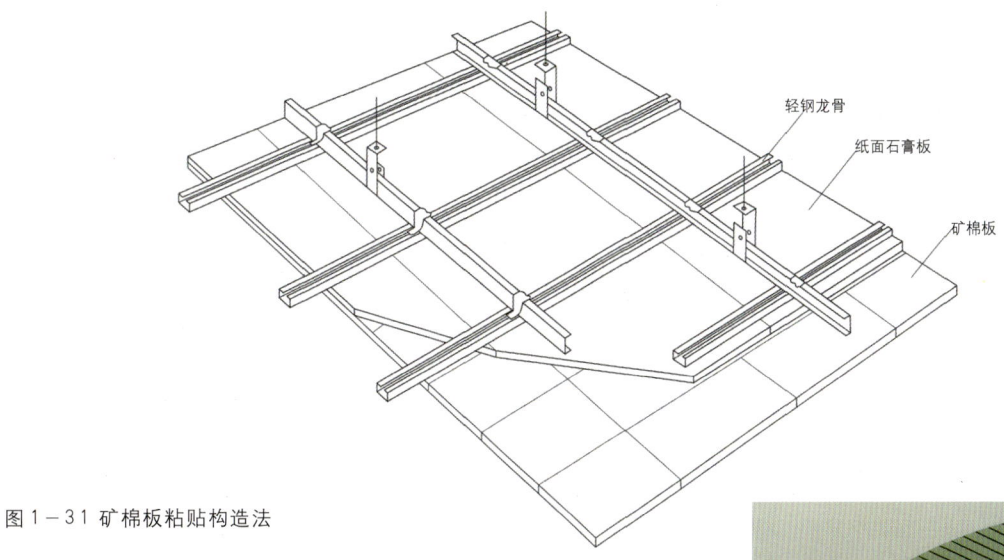

图1-31 矿棉板粘贴构造法

（四）铝合金装饰板吊顶

铝合金装饰板吊顶结构紧密牢固，构造技术简单，组装灵活方便，整体平面效果好。铝合金装饰板的规格、型号、尺寸多样，但龙骨的形式和安装方法都大同小异。施工基本程序为：弹线→龙骨布置→安装收边角→固定吊杆→安装与调整铝合金面板→检查调平→清洁。其中，弹线、龙骨布置、固定吊杆的施工方法、要求与轻钢龙骨吊顶相同。

常见铝合金装饰板及构造做法有以下几种形式。

1. 铝合金条形装饰板吊顶

铝合金条形装饰板又叫铝合金条形扣板，根据条形板的尺寸、类型的多样化和龙骨的布置方法的不同，可以得到各式各样的、变化万千的效果(图1-32)。条形板吊顶按其板缝处理形式不同，分为开缝条形板天棚和闭缝条形板天棚。目前开缝天棚愈来愈少，而闭缝（密缝）天棚占据了主导地位(图1-33)。

图1-32 玻璃、栏杆与铝合金条形天花搭配，使空间整齐而细腻

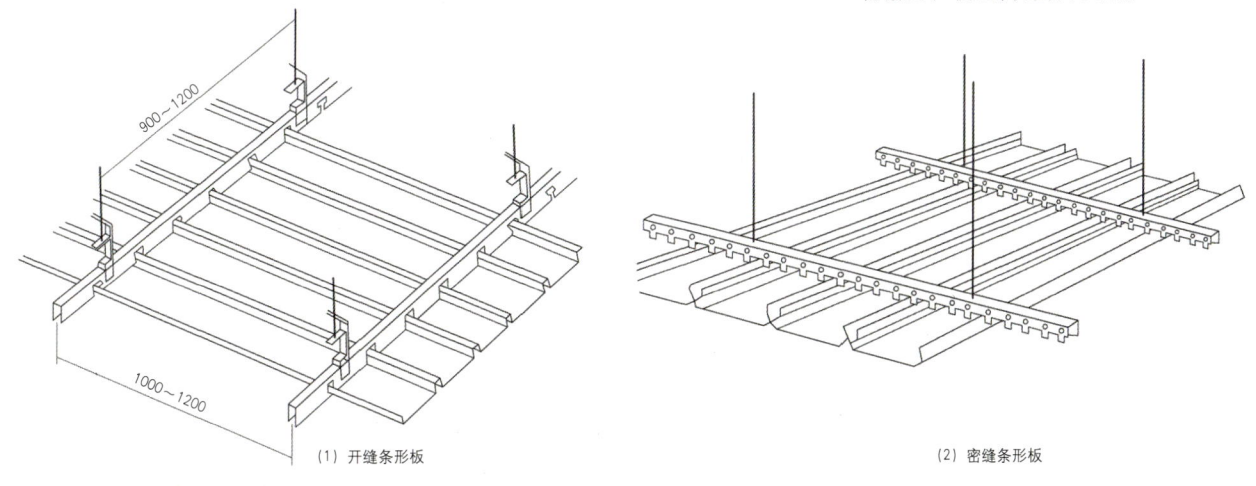

(1) 开缝条形板　　　　　　　(2) 密缝条形板

图1-33 铝合金条板吊顶

铝合金条形装饰板吊顶安装要点(图1-34):

(1) 将龙骨与吊杆连接固定于设计所需的水平位置。龙骨间距为1000~1200mm。大面积吊顶要加轻钢龙骨。

(2) 沿墙面水平标高线安装铝合金边龙骨,作固定支撑面板和封口之用。

(3) 将铝合金条形板从一个方向依次,并稍加用力扣入龙骨卡口内。铝合金条形板扣入龙骨卡口后,应将面板及时与相邻面板调平、调直。

(4) 面板安装完毕后,进行全面校平,整体表面平整、不得有弯斜,接缝应严密、笔直、宽窄一致,接缝偏差不大于1.5mm,高低偏差不得大于1mm。最后把面板保护膜撕下并清洁。

2．铝合金方形装饰板吊顶

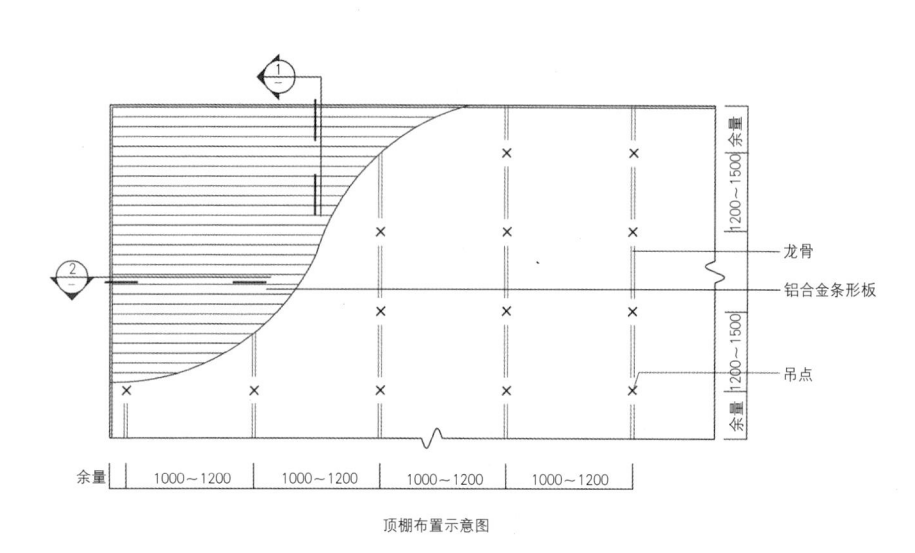

铝合金方形装饰板吊顶,可以是全部天棚采用同一种造型、花色的方形板装饰而成,也可以是全部天棚采用两种或多种不同造型、不同花色的板面组合而成。它们可以各自形成不同的艺术效果。同时与天棚表面的灯具、风口、排风扇等有机组合,协调一致,使整个天棚在组合结构、使用功能、表面颜色、安装效果等方面均达到完美和谐统一(图1-35)。

铝合金方形装饰板吊顶安装要点:

(1) 根据铝合金方形装饰板的尺寸、规格,确定龙骨及吊杆的分布位置,龙骨间距一般为1000~1200mm。大面积吊顶应加轻钢龙骨。

(2) 沿墙面水平标高线安装铝合金边龙骨,作固定支撑面板和封口之用。

(3) 把三角龙骨插入三角吊挂件中,并与吊杆相连。龙骨必须与设计标高线保持一致。

(4) 龙骨安装好后,直接将铝合金方形板卡入三角龙骨缝隙中。安装时先在横向和纵向的一边各装一排面板,然后确定互相垂直,再把其余的面板依次卡在龙骨上。板与板的拼接,稍加压力便可达到紧凑的效果,大面积吊顶应加轻钢龙骨,纵横板缝一定要垂直(图1-36)。

3．铝合金格栅天棚

铝合金格栅天花吊顶是当今新型建筑天棚装饰之一。它造型新颖,格调独特,层次分明,立体感强,防火、防潮、通风性好(图1-37)。

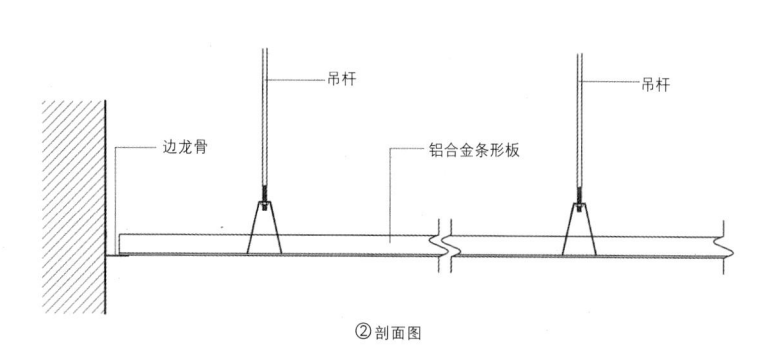

图1-34 铝合金条形板吊顶安装示意图

图1-35 铝合金方形板与石膏板的组合，形成统一而变化的空间界面

图1-37 铝格栅与筒灯结合，使顶界面通透而有立体感

铝合金格栅形状多种多样，有直线型、曲线型、多边型、方块型及其他异型等。它一般不需要吊顶龙骨，是由自身的主骨和副骨而构成，因此组成极其简单，安装非常方便（图1-38）。各种格栅可单独组装，也可用不同造型的格栅组合安装；还可和其他吊顶材料混合安装，如纸面石膏板，再配以各种不同的照明穿插其间，可营造出特殊的艺术效果。

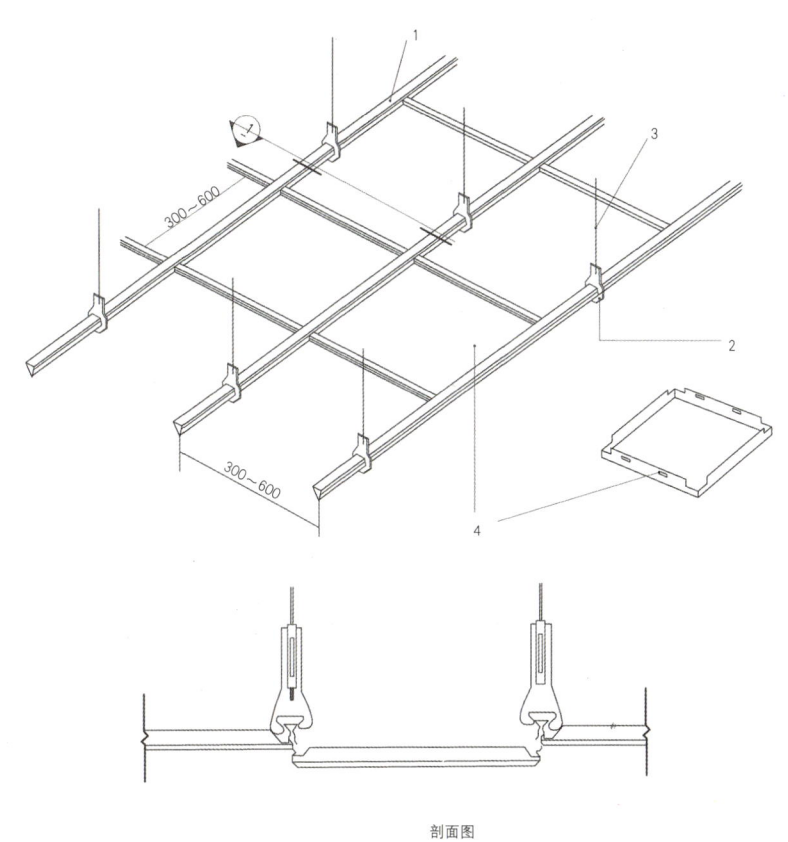

剖面图

1 三角龙骨　2 吊件　3 吊杆　4 方形扣板

图1-36 铝合金方板吊顶构造

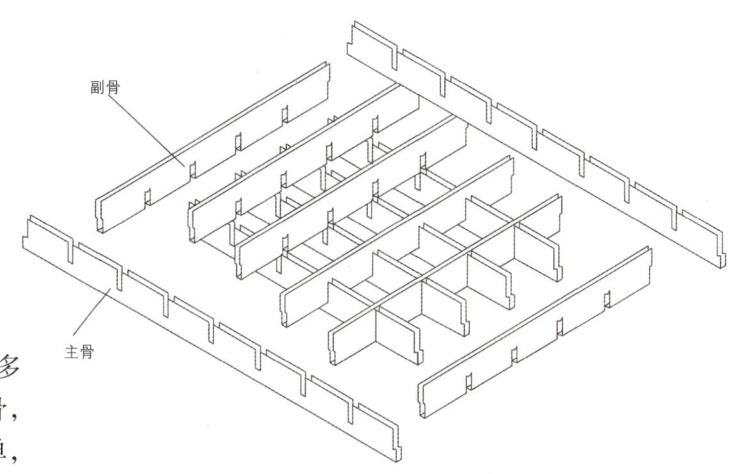

图1-38 铝合金格栅的装配方法

铝合金格栅天棚安装要点：

（1）按设计要求确定吊杆的位置，吊杆的数量、间距可根据格栅组合形式、大小而定，吊杆可用铁丝代替。

（2）将格栅主骨和副骨分片在地面上进行组装，拼装时主骨在下，副骨从上往下卡入主骨中。组装好的格栅网格应横平竖直，卡口与卡口之间密实，不得有松动。

（3）将格栅天花专用吊钩勾在主骨上以承受副骨和整个天花的重量。格栅的吊钩分为可调式和不可调式，不可调式直接卡在轻钢龙骨上。

（5）沿墙面水平标高线安装铝合金封边角或收边木线，作支撑格栅端头和封口之用。

（5）用吊杆（铁丝）将拼装好的格栅网格与吊钩相连并固定于所需标高水平线上。格栅网格安装时，应边安装边校平，所有分格缝隙应对齐、拉直，不得有歪斜、弯曲之处。

（6）天棚连接安装完成后，通过调节弹簧片调整水平。整个天棚表面平整度偏差不得大于2mm（图1-39）。

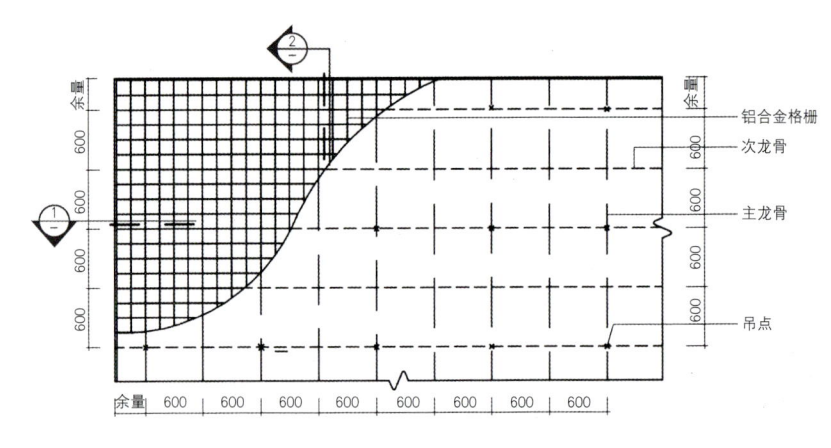

顶棚布置示意图

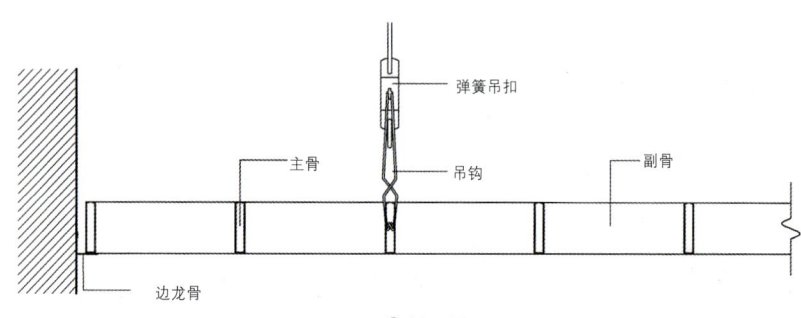

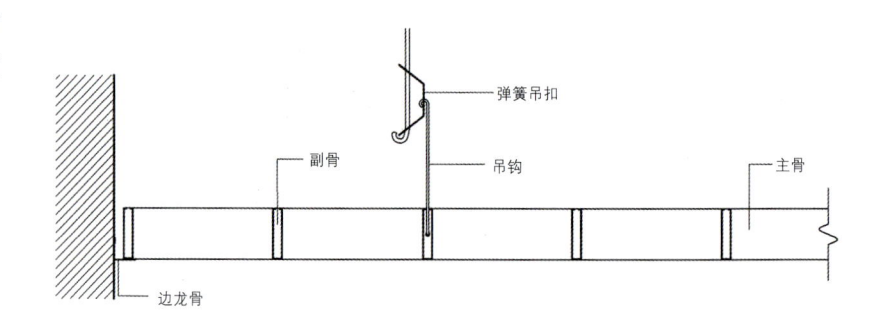

图1-39 铝合金格栅吊顶构造

4. 铝合金挂片天棚

铝合金挂片天棚又叫垂帘吊顶，是一种装饰性较强的天幕式顶棚，可调节室内空间视觉高度。挂片可随风而动，获得特殊的艺术效果（图1-40）。

铝合金挂片天棚吊顶安装简便，可任意组合、拆卸，并可隐藏楼底的管道及其他设施。灯光通过挂片形成柔和均匀漫射光。

图1-40 格调新颖的挂片天花和手工纸卷营造出别样的空间感觉

铝合金挂片天棚安装在专用龙骨上，并悬吊于楼板结构层底面。它自然下垂，只需在吊顶内部作好支撑、固定，四周不用固定(图1-41、1-42)。

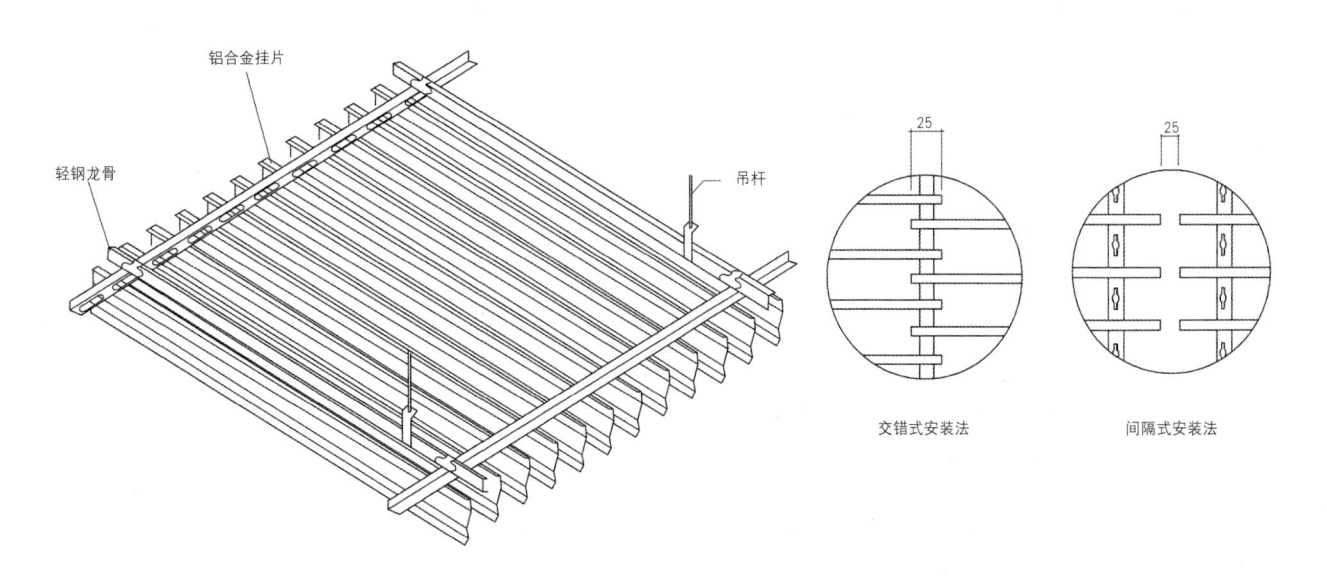

图1-41 铝合金挂片天棚示意图

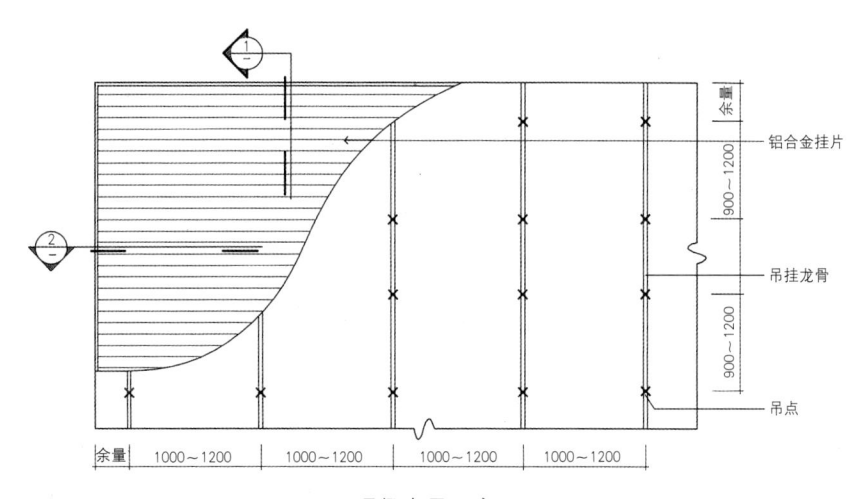

顶棚布置示意图

①剖面图　　②剖面图

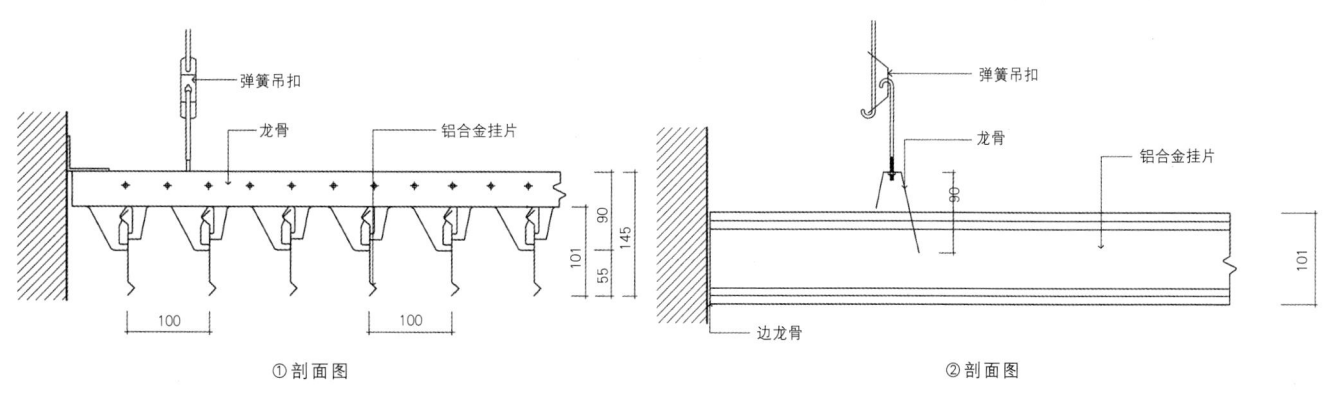

图1-42 铝合金挂片吊顶构造

图1-43 风口、烟感器、报警器、吸顶灯悬吊于顶棚中央与空间融为一体，不仅满足了功能的需要，还有空间导向作用

图1-44 吊灯与顶界面的搭配，营造出动静相交的空间韵味

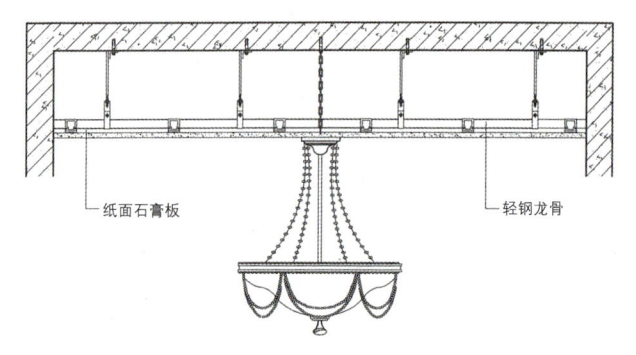

图1-45 吊灯安装示意图

七、天棚特殊部位的装饰构造

天棚装饰除了要满足设计的需要，还需解决吊顶时的其他特殊构造技术问题(图1-43)。

（一）天棚与灯具的构造

天棚装饰装修常遇到罩面板与灯具的构造关系。灯具安装应遵循美观、安全、耐用的原则，天棚与灯具的构造方法有吊灯、吸顶灯、反射灯槽等构造做法(图1-44)。

1. 吊灯安装：吊灯分大型和小型吊灯，小型吊灯可直接安装于龙骨和罩面层上，大型吊灯因体积、质量大，需悬吊在结构层上，如楼板、梁应单独在吊顶内部设置吊杆(图1-45)。

2. 吸顶类安装：装饰装修中最常见的一种构造形式，它的样式、造型、规格、尺寸多种多样。按安装方式分为明装和暗装两种。

（1）明装式吸顶灯：又叫浮凸式，是将灯座、灯罩、灯泡（灯管）全部外露在天棚表面，多见于直接式天棚装修中，其优点是构造简单、维修方便、光效高、形式感强，缺点是有眩光、刺眼。

（2）暗装式吸顶灯：又叫嵌入式，常见于悬吊式天棚吊顶装修中，是将灯具的全部或部分嵌入吊顶基层，灯具与吊顶面层相平或部分突出于天棚饰面层。优点是光线柔和、无眩光、形式多样、整体效果佳(图1-46)。

暗装吸顶灯根据灯具大小，其构造方法不同。在天棚装修时，应根据施工图中灯具的排列位置来协调

图1-46 暗装吸顶灯与天棚形成统一的整体

吊顶主龙骨的位置，尽量避免在开灯洞时破坏主龙骨。小型吸顶灯可直接在基层板（饰面板）上开洞，用螺钉或吊筋与顶棚龙骨连接。大型吸顶灯因质量大，龙骨承载力不够，需在楼底板上预埋膨胀螺栓，把吊筋与膨胀螺栓连接。洞口内边缘用横撑龙骨围合成边柜，增加基层板的强度，成为吸顶灯的连接点。安装时如遇主龙骨必须开断，可在断头处增设吊杆(图1-47)。

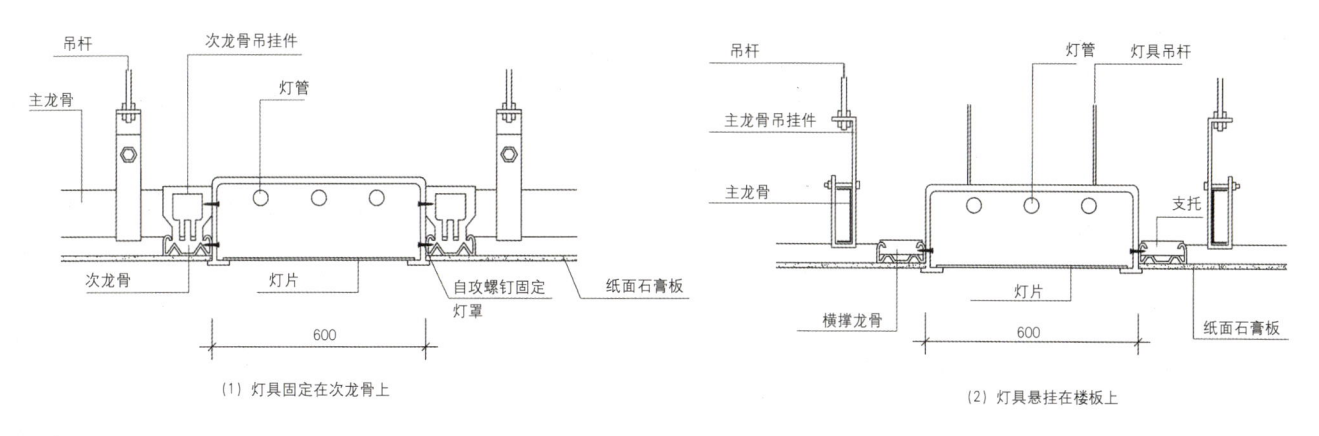

(1) 灯具固定在次龙骨上

(2) 灯具悬挂在楼板上

图1-47 吸顶灯安装构造

3. 暗藏式反射灯槽构造

暗藏式反射灯槽是天棚造型时形成的一种独特构造形式。一般在双层或多层吊顶的各层周边或天棚与墙面相交处做暗藏灯槽，并将灯具放置在暗槽内，借助内壁作反光面，使灯光反射至天棚或墙面，从而得到柔和的反射光线，营造个性化的环境气氛(图1-48、1-49)。

图1-48 软性织物天棚在反射灯的烘托下，使空间整体对比更加强烈

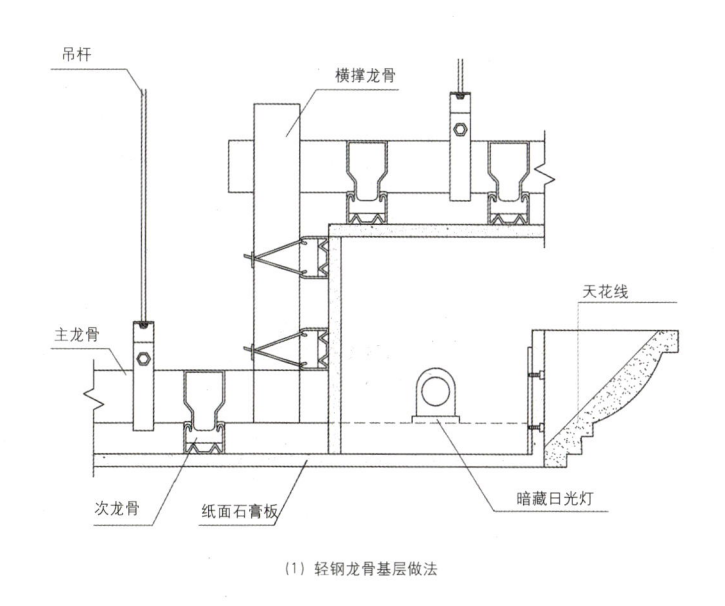

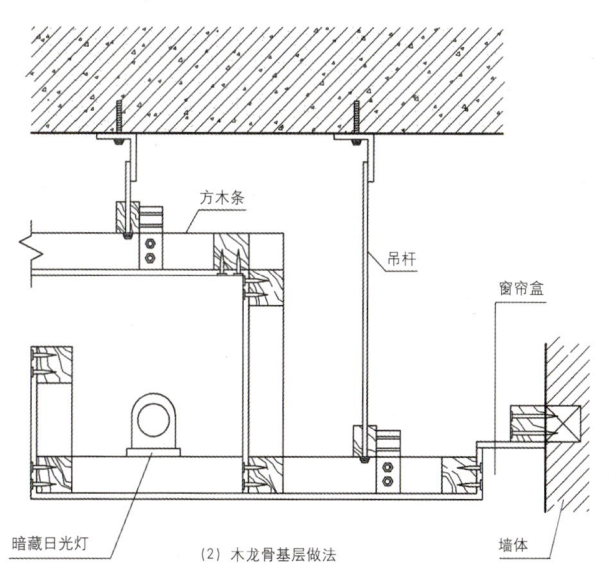

(1) 轻钢龙骨基层做法

(2) 木龙骨基层做法

图1-49 反射灯槽构造

（二）天棚与通风口、检修口的构造

为了满足室内空气卫生的要求，需在吊顶罩面层上设置通风口、回风口(图1-50)。风口由各种材质的单独定型产品构成，如塑料板、铝合金板，也可用硬质木材按设计要求加工而成。其外形有方形、长方形、圆形、矩形等，多为固定或活动格栅状，构造方法与暗装式吸顶灯基本相同(图1-51)。

为了便于对吊顶内部各种设备、设施的检修、维护，需在天棚表面设置检修口。一般将检修口设置在天棚不明显部位，尺寸不宜过大，能上人即可。洞口内壁应用龙骨支撑，增加其面板的强度（图1-52）。

图1-50 空调管道的暴露，影响空间的整体格局

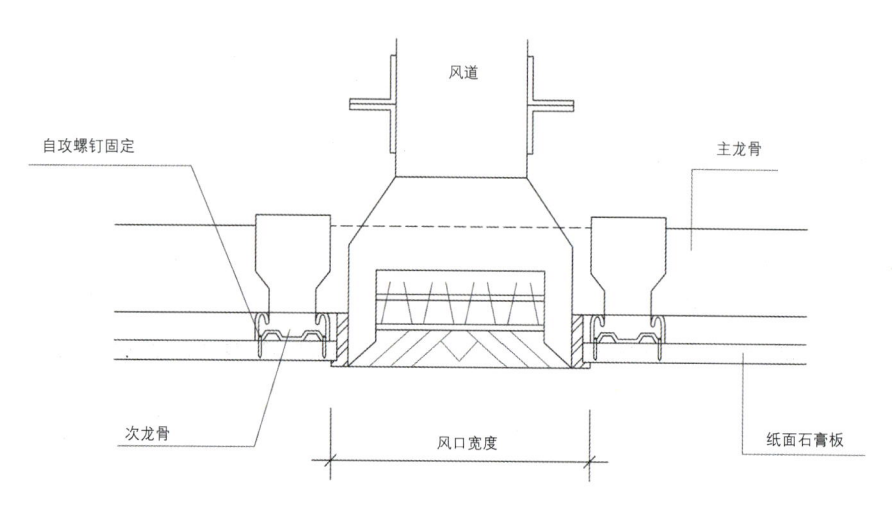

图1-51 风口构造

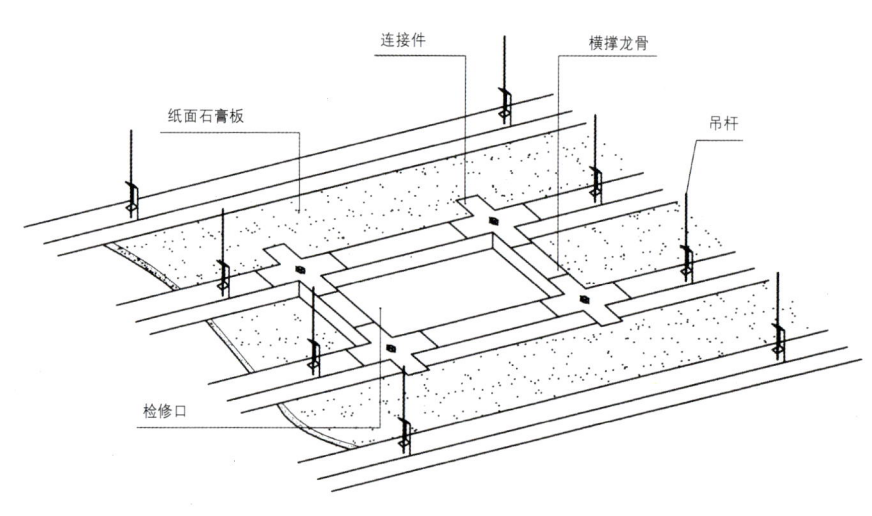

图1-52 检修口构造示意图

（三）天棚与窗帘盒的构造

窗帘盒是为了装饰窗户，遮挡窗帘轨而设置，窗帘盒的尺寸随窗帘轨及窗帘厚度、层数而定。材料可为木板、金属、石膏板、石材等。窗帘盒的造型多种多样，就其构造方法有明窗帘盒与暗窗帘盒之分(图1-53)。

1. 明窗帘盒：是将窗帘轨道直接固定在楼底板或墙体上，利用纸面石膏板、细木工板或胶合板来遮挡窗帘轨，使轨道隐藏其中。挡板高可根据室内空间大小及高差而定，一般为200～300mm。挡板与墙面的宽度可根据窗轨及窗帘层数的多少来确定，一般单轨为100～150mm，双轨为200～300mm。挡板长以窗口的宽度为准，一般比窗口两端各长200～400mm，也可将挡板延伸至与墙面相同长度。

另外，也可不用遮挡，将定型窗轨直接安装在天棚或墙面上，利用自身的纹理、颜色达到装饰、美化的效果。

2. 暗窗帘盒：是利用吊顶时自然形成的暗槽，槽口下端就是天棚的表面。暗窗帘盒给人以统一协调的视觉感，其尺寸和明窗帘盒基本相同（图1-53-(2)）。同时还可和暗藏式反射灯槽结合应用（图1-53-(3)）。

（四）天棚装饰线

天棚与墙面或天棚与天棚之间的叠级相交处、造型面常用线条来处理，不仅起着装饰、美化的作用，也是为防止出现相交处开裂和遮挡不平整等毛病。它是天棚装饰装修中常用的一种构造手段（图1-54）。装饰线根据不同材质有木材、金属、塑料、石膏、石材等，其种类、样式、规格多种多样。

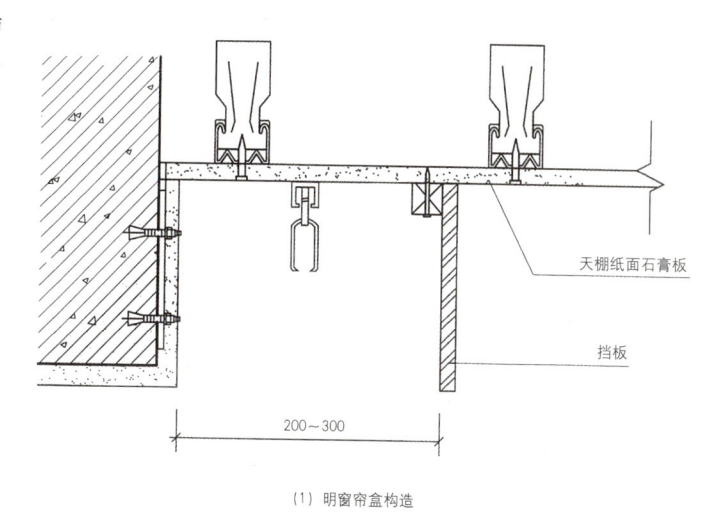

图1-54 顶界面用线条分割，使空间层次更有韵律

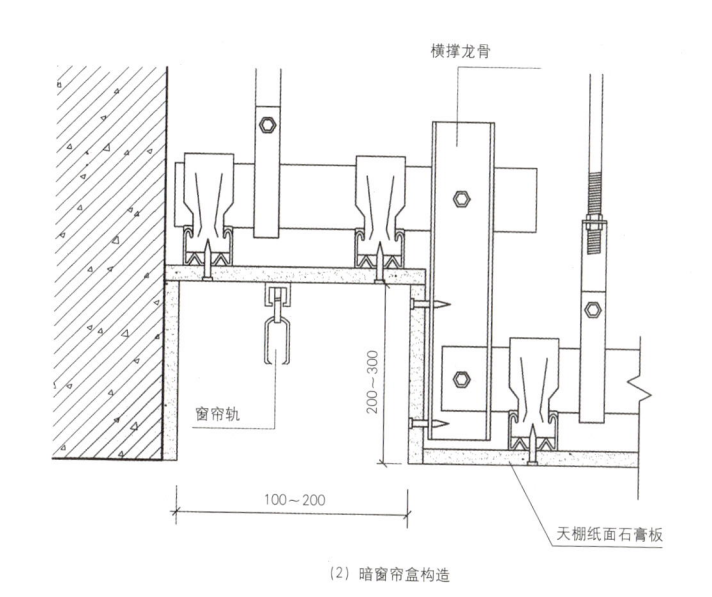

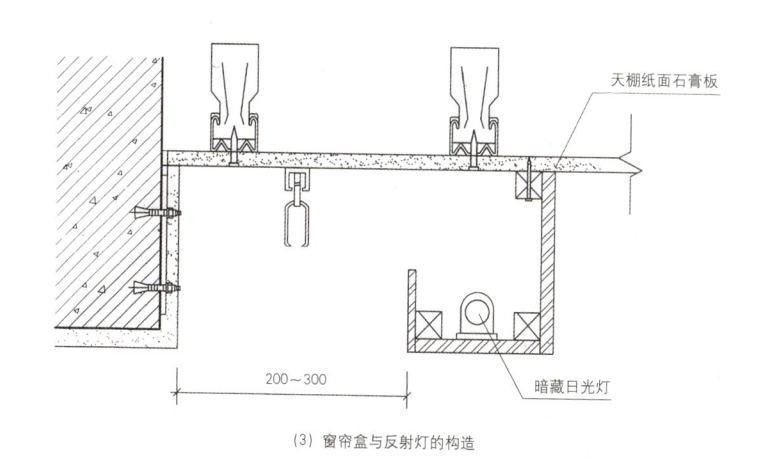

图1-53 天棚与窗帘盒的构造

1. 木质装饰线：常用各种硬质木材加工而成，是室内装饰装修中最常见的装饰材料之一，其断面形式丰富、品种繁多，安装灵活方便，可直接固定在天棚或墙面上。

2. 石膏装饰线：是利用天然石膏加工而成，它断面花形丰富，可与其他石膏装饰件配套使用，价格便宜，安装方便。石膏线可直接用专用胶粘剂固定在天棚与墙面上。

3. 石材装饰线：是用天然花岗岩、大理石，通过专用磨具，并根据设计需要加工成各种形状的高档装饰构件，它多用于空间尺度大的宾馆、饭店、展览馆、博物馆的大厅及高级住宅的装饰。安装方法一般采用挂、扣的构造技术。

4. 聚苯乙烯装饰线：是以高纯度聚苯乙烯为主体材料，加入多种高分子材料添加剂，经高温发泡加工而成，其特点为永不变形、不开裂、质地轻，可多次反复覆盖而不起层，安装方便，线型多变，造型丰富，是目前国际上较流行的一种高级装饰材料。可用专用胶粘剂粘贴于天棚或墙面上。

单元教学导引

目标	通过本单元的学习,使学生对室内天棚设计的基本原理、要求和相应的构造技术有一个较清晰的认识,对装饰装修材料的基本性能、特征、规格和构造有一个较深的了解。能在室内设计中正确选用,并懂得应用不同的装饰装修材料来实现自己的设计意图。
要求	要求从设计师的角度出发,向学生讲授常用的和目前最新的装饰装修材料的基本性能、特征及规格,并通过多媒体和图例及材料模型对构造节点、细部特征、搭接方法进行详尽的讲解。同时结合市场调研和施工现场观摩、考察,使学生对材料与构造有一个完整的感知,并能应用于实践中。
重点	熟悉常见的装饰装修材料,重点应掌握室内天棚的装饰形式和构造技术。
注意事项提示	由于室内天棚的形式多种多样,可供选择的装饰装修材料很多,因此在教学中不应求全、求多,而要择其重点。
小结要点	本单元着重阐述了室内装饰中常见的天棚形式和材料及构造工艺。通过本单元的学习,启发学生创造性思维,对装饰装修材料与构造技术有一个较全面的认识、理解;培养学生综合应用及造型设计能力,从而绘制出准确的施工图。

为学生提供的思考题:

1. 简述天棚装饰的功能及设计要求。
2. 什么是直接式天棚?它有哪些类型?
3. 什么是悬吊式天棚?它有什么特点?
4. 简述天棚轻钢龙骨的类型和构造特点及施工工艺。

为学生课余时间准备的作业练习题:

1. 临摹各种典型案例中天棚装修施工图、构造大样图、细部节点详图等(具体要求和内容由任课教师确定)。
2. 了解结构式天棚的构造特点。
3. 了解《建筑内部装修设计防火规范》(GB 50222—95,2001年局部修订)。
4. 参观、收集所在城市各类建筑的内部天棚形式、种类、材料的应用。

本单元作业命题:

悬吊式天棚练习。

单元作业设定缘由:

本单元教学方式主要是教师课堂讲授,学生市场调研总结。通过单元作业练习,可以巩固、提高学生所学知识,并能较熟练地运用于设计和具体的施工中。

单元作业要求:

用轻钢龙骨纸面石膏板为100m² 的住宅空间做吊顶设计,并绘制出天棚平面图、剖面图及细部节点详图。

注意吊顶之间的叠级关系,吊顶和灯具及各界面的细部处理(题目和内容及深度也可由任课教师决定)。

命题作业的实施方式:

以课堂讲授知识,临摹作业和市场调研,现场观摩、考察结合的方式进行。

作业规范与制作要求:

临摹作业、命题作业用CAD制图软件绘制(手绘)完成,并严格按建筑制图规范和要求执行,最后和市场调研报告一起装订成册。

单元作业小结:

通过课堂提问、讨论和典型案例的临摹及命题设计的练习,使学生对室内天棚装饰装修材料和构造有一个全新的认知和了解,为下一步学习打好基础。

第二教学单元

楼 地 面 装 饰

一、概述

楼地面是指建筑物首层、地下层及各楼层地面的总称，是围合室内空间的基面，通过其基面、边界限定了空间的平面范围。从构造技术角度来看，室内地面有别于室内天棚、墙面。它是人们日常生活、工作、学习中接触最频繁的部位，也是建筑物直接承受荷载，经常受撞击、摩擦、洗刷的部位。因此在满足人们的视觉效果与精神上的追求及享受时，更多的应满足基本的使用功能（图2-1）。

二、室内楼地面装饰功能及要求

室内楼地面的装饰装修，因空间、环境、功能以及设计标准（要求）的不同而有所差异，但总体来看应着重注意下面几点。

满足使用的舒适性：

行走舒适感：室内楼地面首先需满足人行走时的舒适感。应平整、光洁、防滑、不易起层起灰、易清洁、不潮湿、不渗漏、坚固耐用。

热舒适感：室内楼地面宜结合材料的导热、散热性能以及人的感受等综合因素加以考虑。使室内楼地面具有良好的保温、散热功效，给人以冬暖夏凉的感受。

声舒适感：室内楼地面应有足够的隔音、吸声性能。可以隔绝空气声、撞击声、摩擦声，满足基本的建筑隔音、吸声要求。

有效的空间感：室内楼地面装饰装修必须同天棚、墙面，室内家具，植物统一设计，综合考虑色彩、光影，从而创造出整体而协调的空间效果（图2-2）。

图2-1 地面材质的功能性和装饰性需同时考虑

图2-2 不同材质的组合具有明显的区域感，同时与其他元素构成整体的空间效果

耐久性：室内楼地面在具备舒适性、装饰性的同时，更应根据使用环境、状况及材料特性来选择楼地面的材质，使其具备足够的强度和耐久性，经得起各种物体、设备的直接撞击、磨损。

安全性：室内装修往往重视装饰，而忽略安全。但装饰性与安全性同等重要。楼地面装饰装修的安全性主要是指地面自身的稳定性以及材料的安全性。它包括防滑、阻燃、绝缘、防雨、防潮、防渗漏、防腐、防蚀、防酸碱等。

三、室内楼地面的组成

室内楼地面的基本结构主要由基层、垫层和面层等组成。同时为满足使用功能的特殊性还可增加相应的构造层，如结合层、找平层、找坡层、防火层、填充层、保温层、防潮层等(图2-3)。

图2-4-1 材料的正确选用对室内情调的产生有举足轻重的作用

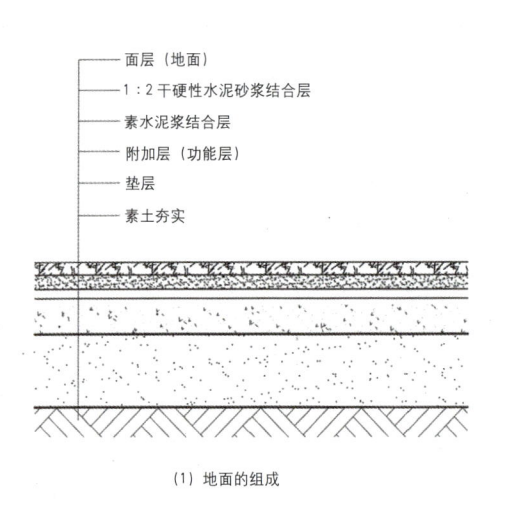

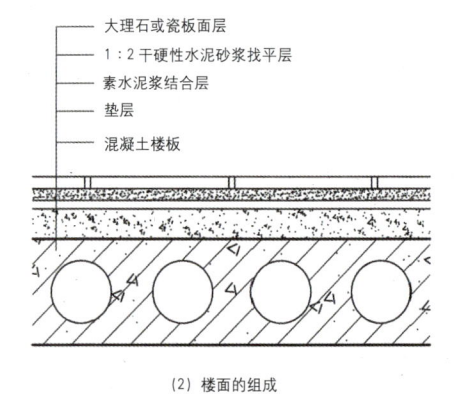

(1) 地面的组成
- 面层（地面）
- 1:2干硬性水泥砂浆结合层
- 素水泥浆结合层
- 附加层（功能层）
- 垫层
- 素土夯实

(2) 楼面的组成
- 大理石或瓷板面层
- 1:2干硬性水泥砂浆找平层
- 素水泥浆结合层
- 垫层
- 混凝土楼板

图2-3 楼面和地面的组成

图2-4-2 黑白相间的地砖对空间有无限的延伸感

四、室内楼地面材料的选用原则

地面与人长期接触，它在人的视阈中所占比例较大。人们在室内活动中时刻感知着地面材料的色彩、图案、质地的变化，同时楼地面也是室内装饰装修中最容易出问题的部位。因此楼地面材料的选择必须考虑防滑、防静电、易清洁、耐磨和坚固，以保证其安全性和耐久性。

材料的选用除了满足基本的使用功能要求外，还要对材料的形状、质地、色彩、图案、重量、尺度、方向进行综合考虑、逐一分析。同时利用材料中的花型、图案、肌理作建筑空间的导向性处理，满足视觉效果要求，给人以无形的空间延伸感(图2-4)。

五、室内楼地面的分类

室内楼地面的类型可从材料和构造形式两方面来分类。

根据材料分类主要有水泥类楼地面、陶瓷类楼地面、石材类楼地面、木质类楼地面、软质类楼地面、塑料类楼地面、涂料类楼地面等(图2-5)。

根据构造形式分类主要有整体式楼地面、板块式楼地面、木（竹）楼地面、软质楼地面等。

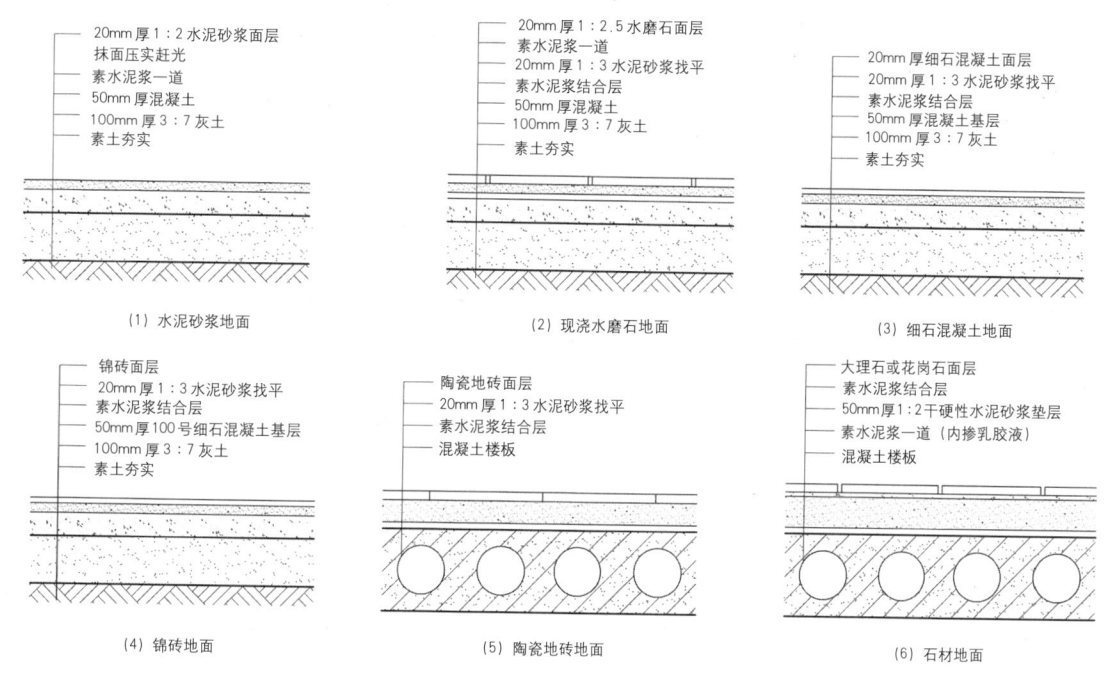

(1) 水泥砂浆地面　　(2) 现浇水磨石地面　　(3) 细石混凝土地面

(4) 锦砖地面　　(5) 陶瓷地砖地面　　(6) 石材地面

图2-5 各种楼地面的构造形式

六、水泥类楼地面

水泥类楼地面根据配料不同可分为水泥砂浆楼地面、现浇水磨石楼地面、细石混凝土楼地面等。它们都是以水泥为主要原料配以不同的骨料组合而成，属一般装饰装修构造。

七、陶瓷类楼地面

陶瓷地砖用于楼地面装饰已有很久的历史，由于地砖花色品种层出不穷，因而仍然是当今盛行的装饰材料之一。具有强度高、耐磨、花色品种繁多、供选择的范围大、施工进度快、工期短、造价适中等优点。广泛用于公共空间和住宅空间。

随着制陶技术的不断发展，陶瓷地砖已不仅仅局限于普通陶瓷（土）地砖和陶瓷锦砖。愈来愈多的新型地砖不断出现，品种、花色多种多样，有全瓷地砖、玻化地砖、劈离砖、广场砖、仿石砖、陶瓷艺术砖等。设计时应根据具体情况，选择最适当的材料。

（一）陶瓷的基本知识

陶瓷制品根据烧制程度，可分为陶器、瓷器、炻器三大类。

陶器：其烧结程度较低，吸水率较高（吸水率大于10%），断面粗糙无光，不透明。陶器制品可施釉，也可不施釉，分粗陶与精陶两种。

瓷器：坯体致密，烧结强度高，基本不吸水（吸水率小于1%），有一定的透光性，通常都施釉。它有粗瓷和细瓷之分。

炻器：是介于陶器和瓷器之间的一类陶瓷制品，也称为半瓷器或石胎器。炻器按其坯体的致密程度不同，分为粗炻器和细炻器两类。

建筑装修工程中所用陶瓷地砖、墙砖及洁具等，一般都属精陶至粗炻器范围的产品。

（二）室内常用陶瓷地面砖

用于楼地面的陶瓷地砖花色品种繁多，可供选择的范围非常之广，本书将重点讲授室内装饰装修常用陶瓷地面砖及构造方法。

1．陶瓷地砖

陶瓷地面砖是以优质陶土为原料，加以添加剂，经制模成形高温烧制而成。陶瓷地砖表面平整，质地坚硬，耐磨强度高，行走舒适且防滑、耐酸碱、可擦洗、不脱色变形、色彩丰富，用途广泛(图2-6)。

陶瓷地砖规格、品种繁多，分亚光、彩釉、抛光三类。不同厂家有自己的产品型号、规格、尺寸。

2．玻化地面砖

玻化砖是随着建筑材料和烧结技术的不断发展，而出现的一种新型高级地砖。以石英、长石和一些添加剂为原料，配料后碎成粉末，再经高压成型，最后在1260℃以上的高温下烧制，使石料熔融成玻璃态后，抛光而成。它表面具有玻璃般的亮丽质感，可制作出花岗岩、大理石的自然质感与纹理，其质地密实坚硬具有高强度、高光亮度、高耐磨度，吸水率小于0.1%，耐酸碱性强，不留污渍，易清洗，长年使用不变色。板面尺寸精确平整，色泽均匀柔和，易于施工。适用于各种场所的墙面、地面装饰(图2-7)。

常用规格为400mm×400mm至1000mm×1000mm；厚为10～18mm。

3．锦砖

锦砖分为陶瓷和玻璃两类，它是一种传统装饰材料，广泛用于建筑物的内外墙面和地面装饰(图2-8)。

图2-7 玻化砖的反光与巨大钢架产生动静相交的空间感受

图2-6 陶瓷地砖整齐而富有韵律感

图2-8 强调锦砖自身的变化，增添空间秩序感

(1) 陶瓷锦砖：俗称马赛克，是以优质陶土经高温烧制而成。由于陶瓷锦砖规格太小，为了便于施工，出厂前厂家按一定的拼花图案，将小锦砖反贴在长宽均为305.5mm的牛皮纸上，称为一"联"或一"张"。

陶瓷锦砖分釉面和无釉面两大类。它具有质地坚硬、性能稳定、花色繁多、色彩典雅、图案丰富、耐酸碱、耐磨、耐火、吸水率小、易洁洗、抗压强度高等特点，多用于建筑外立面和卫生间、厨房、浴室、走廊的内墙及地面的装饰。

(2) 玻璃锦砖：又叫玻璃马赛克，是将石英砂和纯碱与玻璃粉按一定的比例混合，加入辅助材料和适当的颜料，经1500℃高温熔融压制而成的一种乳浊制品，最后经工厂将单块玻璃锦砖按图案、尺寸反贴于牛皮纸上的一种装饰材料。

玻璃锦砖具有较高的强度和优良的热稳定性和化学稳定性。具有表面光滑、不吸水、抗污性好、历久常新的特点，其用途较陶瓷锦砖更加广泛，是一种很好的饰面材料。

（三）陶瓷地面砖的铺设

室内装饰装修工程不管采用何种地砖进行地面装饰，均要求地砖的规格、品种、颜色必须符合设计要求，抗压抗折强度符合设计规范，表面平整、色泽均匀、尺寸准确，无翘曲、破角、破边等现象。各种地砖的构造技术大同小异，基本相同(图2-9)。

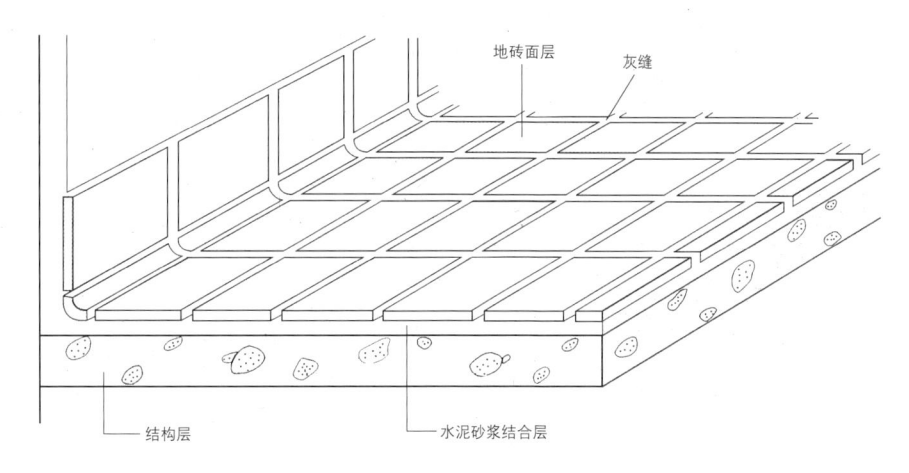

图2-9 地砖的铺设

陶瓷地面砖的铺设要点：

1．基层处理：地砖在铺贴前应对基层表面较滑部位进行凿毛处理，然后再用1∶3的水泥砂浆均匀地涂刷于地面，厚度不大于10mm为宜。在水泥砂浆内可加入适量乳胶液，以增加其粘结度。

2．抄平放线：根据设计规定的地面标高进行抄平。同时将地面标高线弹于四周墙面上，作铺贴地砖时控制地面平整度所用。标高线弹好后，应根据地砖的尺寸在室内找中心点。

3．做灰饼标筋：根据中心点在地面四周每隔1500mm左右拉相互垂直的纵横十字线数条，并用半硬性水泥砂浆按间距1000mm左右做一个灰饼，灰饼高度必须与找平层在同一水平面，纵横灰饼相连成标筋(图2-10)作为铺贴地砖的依据。

4．试拼：铺贴前根据分格控制线确定地砖的铺贴顺序和标准块的位置，并进行试拼，检查图案、颜色及纹理的方向及效果。试拼后按顺序排列，编号，浸水备用。

5．铺贴地砖：根据其尺寸大小分湿贴法和干贴法两种。

(1) 湿贴法：此方法主要适用于小尺寸地砖（400mm×400mm以下）。

用1∶2水泥砂浆摊在地砖背面，将其镶贴在找平层上。同时用橡胶锤轻轻敲击地砖表面，使其与地面粘贴牢固，以防止出现空鼓和裂缝。

铺贴时，如室内地面的整体水平标高相差超过40mm，需用1∶2的半硬性水泥砂浆铺找平层，边铺边用木方刮平、拍实，以保证地面的平整度。然后按地面纵横十字标筋在找平层上通贴一行地砖作为基准板，再沿基准板的两边进行大面积铺贴。

（2）干贴法：此方法适用于大尺寸地砖（500mm×500mm以上）的铺贴。

首先在浆好的地面上用1:3的干硬性水泥砂浆铺一层厚度为20~50mm的垫层。干硬性水泥砂浆密度大，干缩性小，以手捏成团，松手即散为好。找平层的砂浆应采用虚铺方式，即把干硬性水泥砂浆轻轻而均匀地铺在地面上，不可压实。然后将纯水泥浆刮在地砖背面，按地面纵横十字标筋通铺一行地砖于硬性水泥砂浆上作为基准板，再沿基准板的两边进行大面积铺贴。

6．压平、拔缝：镶贴时，应边铺贴边用水平尺检查地砖平整度，同时调整砖与砖之间的缝隙，使其纵横线之间的宽窄均匀一致、笔直通顺，板面也应平整一致。

7．安装踢脚板：待地砖完全凝固硬化后，可在墙面与地砖交接处安装踢脚板。踢脚板的材质有水磨石、陶瓷、石材、金属、木材、塑料等（图2-11）。

8．养护：铺装完毕后应立刻用干布把地砖表面擦拭干净，养护1~2天。并用与地砖颜色相同的勾缝剂，进行抹缝处理，使地面面层接缝美观一致，最后可进行打蜡抛光处理。

（四）锦砖地面的铺设

锦砖一般采用湿作业法进行铺贴（图2-12）。

1．基层处理、抄平放线和陶瓷地砖的构造方法相同。

2．弹线定位：根据设计要求和施工大样图，在找平层上分别弹出水平和垂直控制分格定位线，以保证地面拼花与图案的完整性，同时计划好锦砖的用量。

3．做灰饼标筋：按分格定

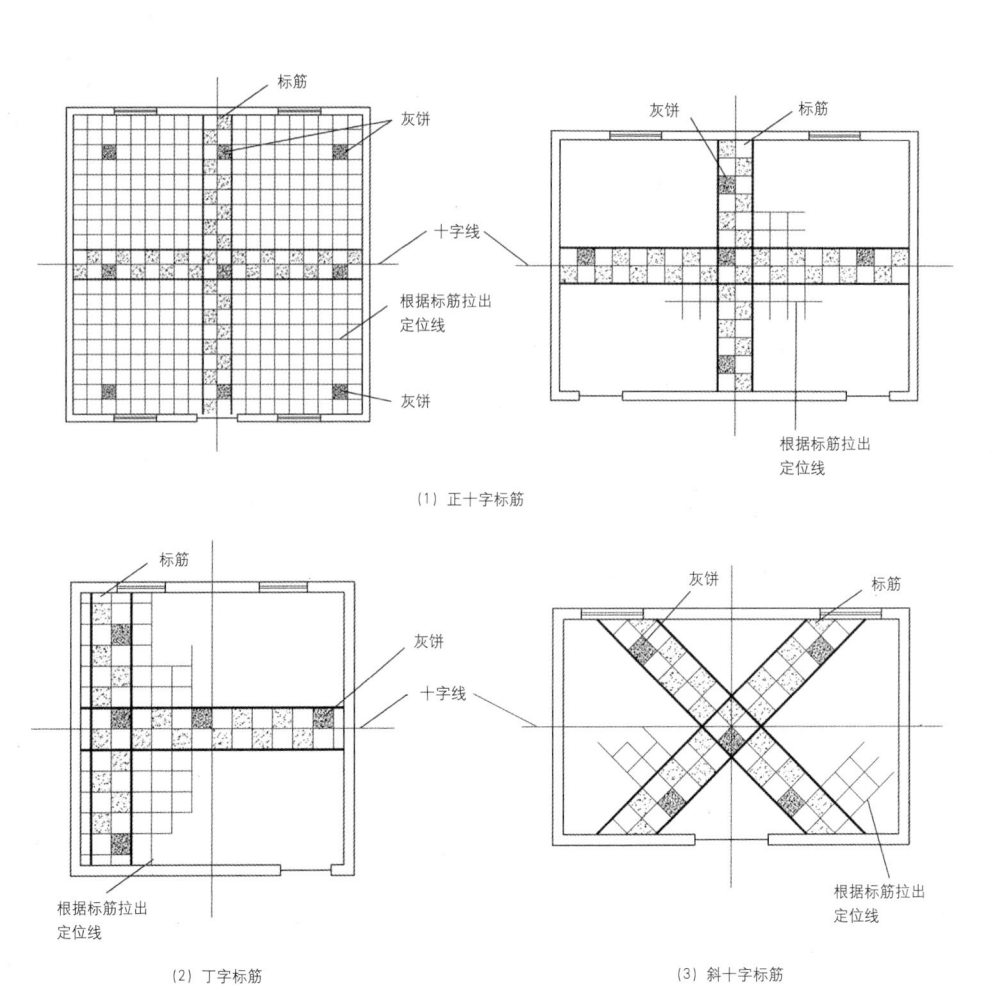

（1）正十字标筋

（2）丁字标筋

（3）斜十字标筋

图2-10 地面铺装"标筋"构造示意图

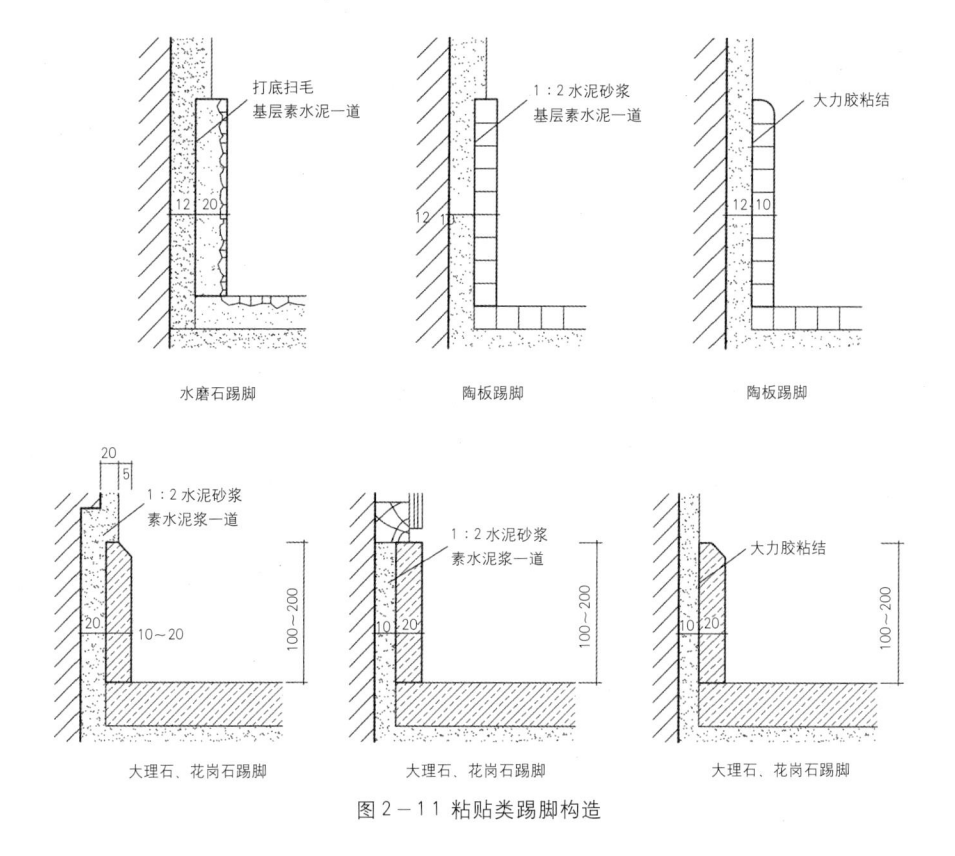

水磨石踢脚　　陶板踢脚　　陶板踢脚

大理石、花岗石踢脚　　大理石、花岗石踢脚　　大理石、花岗石踢脚

图2-11 粘贴类踢脚构造

位线做与底层灰相同高度的灰饼标筋。

4. 铺贴锦砖：将1∶1水泥砂浆（可掺入适量乳胶液，增加黏结度）抹入一"联"锦砖非贴纸面，以地面定位控制线为依据，在找平层上通贴一行锦砖作基准板，再从基准板的两边进行大面积铺贴。同时用木板压实压牢，并擦净边缘缝隙溢出的水泥砂浆。铺贴时应随时用水平尺控制锦砖表面的平整度，并调整锦砖之间的缝隙，缝与缝之间应平整、光滑、无空鼓。

5. 揭纸：铺贴完毕初凝后，洒水湿润牛皮纸，养护至充分凝固（12小时左右），并轻轻揭去面纸，如有单块锦砖随纸揭下须重新补上。

6. 缝隙处理：锦砖完全凝固后，用软布包白水泥干粉填缝，也可根据锦砖的颜色，选择相应的彩色填缝剂进行抹缝。

7. 养护：养护1～2天，养护期间可在锦砖表面洒水数次，增加粘结度。

八、石材类楼地面

石材类楼地面在装饰装修中运用非常普遍。它包括天然石材和人造石材两大类，其特点是强度高、硬度大、耐磨性强、光滑明亮、色泽美观、纹理清晰、施工简便，广泛用于公共建筑空间和住宅空间的墙面、地面及其他部位的装饰。

（一）天然石材

天然石材主要包括天然花岗岩、天然大理石及天然青石、板岩等，天然岩石按地质形成条件分为火成岩、沉积岩和变质岩。

1. 天然花岗岩

天然花岗岩属火成岩或深成岩，它的主要矿物成分为长石、石英及少量的云母，是一种酸性岩石。花岗岩常呈整体均匀的粒状结构，按结晶颗粒大小不同常分为细粒、中粒、斑状等，其颜色主要由长石的颜色与少量云母及深色矿物的分布情况而定。

花岗岩结构致密，强度高、耐风化、耐酸碱、耐腐蚀、耐高温、耐冰雪、耐摩擦。各项指标都远远高于大理石，其使用年限可达数百年。

花岗岩虽然强度高、硬度大，但质脆，耐火性较差，这是因为花岗岩中所含的石英矿物成分在遇高温（573℃～870℃）时，会产生晶型转变，而导致石材爆裂。石英含量越高的花岗岩，耐火性能越差。有些花岗岩有辐射性，故在室内装饰装修时必须选用符合国家标准的A类花岗岩。

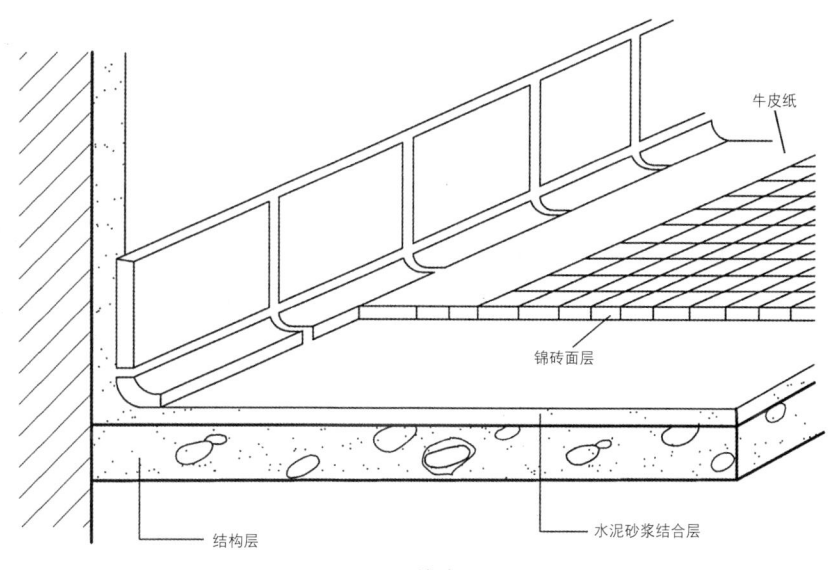

图2-12 锦砖铺设示意图

天然花岗岩经打磨抛光后，可呈现出美丽、高雅的斑点状花纹，表面光亮如镜，也可以加工成表面粗糙的火烧板。它广泛用于宾馆、商场、博物馆、银行等公共建筑的室内外墙面、地面、柱面、天棚装饰（图2-13）。

2. 天然大理石

天然大理石是一种变质岩，属碱性岩石，它是经过地壳内高温高压作用而形成的，常呈层状结构，有显著的结晶或斑状条纹。它的主要矿物为方解石、白云岩、石灰岩。大理石中以汉白玉较为名贵，它主要含有白云石（约占99%）和少量方解石及其他成分（约占1%）。大理石的颜色与化学成分有关，当含有碳酸钙、碳酸镁时，大理石呈白色，当含有锰时大理石是紫色。

天然大理石晶粒细小，结构致密，但硬度中等，抗风化性差（除汉白玉、艾叶青等外）。由于大理石的主要成分为碱性碳酸钙，它在大气中易受二氧化硫和酸雨等腐蚀，使其表面失去光泽，出现污垢，而不宜清洁，一般不宜用于室外装饰(图2-14)。

3. 青石

青石是水成沉积岩，材质软，易风化。其风化程度及耐久性与岩石体埋深差异有关。掩埋较浅，风化较严重，反之，耐久性较佳。

青石可按自然纹理劈成块状，表面不用研磨抛光。基本无纹理，其颜色有棕红、灰绿、蓝、黄等。用于室内外地面装饰，不仅起到防滑的作用，同时有一种天然粗犷的原始韵味，艺术效果极佳，且价廉。是近年来广受欢迎的一种装饰材料。

4. 板岩

板岩是由粘土页岩（沉积岩）经变质而成的一种变质岩。它的矿物成分为颗粒很细的长石、石英、云母和黏土。板岩呈片状结构，易于开采成薄片。板岩质地紧密，硬度较大，不易风化，使用寿命可达数十年。它有灰、紫、紫黄、绿灰、红灰、蓝灰等颜色，是一种优良的装饰石材，在国外常常用于屋面、外墙、地面的装饰。但自重较大，韧性较差，受震动时易碎裂，且不易抛光(图2-15)。

其品种主要有石英板、砂岩板、锈板、蘑菇板、瓦片板等。

（二）人造石材

人造石材主要是由不饱和聚酯、树脂等聚合物或水泥为粘结剂，以天然大理石、碎石、石英砂、石粉等为填充料，经抽空、搅拌、固化、加压成型、表面打磨抛光而制成。

人造石的种类较多，有水泥型人造石、聚酯型人造石、复合型人造石、烧结型人造石、微晶玻璃型人造石。其中以聚酯型人造石、微晶玻璃型人造石和水泥型人造石最为常见。

人造石以稳定性好、结构紧密、强度高、耐磨、耐寒、抗污染、价格较低、可塑性强、施工方便等优点，而成为一种应用较广泛的室内装饰材料(图2-16)。

1. 聚酯型人造石

聚酯型人造石包括聚酯人造花岗岩、人造玛瑙

图2-13 花岗岩地面整齐而耐用

图2-14 华丽而张扬的大理石拼花地面

图2-15 粗犷、朴素的板岩地面同样可产生特殊的艺术韵律

图2-16 人造石与其他界面构成简洁明快的整体空间

石。具有光泽度高、色泽均匀、美观高雅、强度大、耐磨、耐污染、色彩可按要求调配等优点，是一种价廉物美的装饰材料，某些指标优于天然石材。可广泛用于室内外地面、墙面的装饰。

2. 微晶玻璃型人造石

微晶玻璃型人造石是由无机矿粉经过高温熔制为玻璃状，再高温烧结而得到的多晶体。它集中了玻璃与陶瓷的特点，所以又称微晶玻璃石。

微晶玻璃型人造石不是传统意义上用来采光的玻璃品种，它的成分与天然花岗石相同，都属硅酸盐质。除比天然石材具有更高的强度、耐蚀性、耐磨性外，还具有结构致密而细腻，硬度高，抗压、抗弯、耐冲击性能等均优于天然石材的特点。其吸水率极低(0～0.1%)，几乎为零。外观纹理清晰，色泽鲜艳，无色差，不褪色，无放射性污染。颜色可根据需要调制，规格大小可控制，还能生产弧形板。施工安装方法有粘贴法和干挂法。

（三）石材地面的基本构造

石材铺装，可根据设计的要求以及室内空间的具体尺寸，把石材切割成规则或不规则的几何形状，尺寸可大可小，厚度可薄可厚。石材类地面的铺装一般用干贴法进行施工。

石材地面的铺设要点：

1. 基层处理：清洁基层，同时用素水泥浆均匀地涂刷地面。

2. 抄平放线和地砖构造方法相同。

3. 选板试拼：天然石材的颜色、纹理、厚薄不完全一致，因此在铺装前，应根据施工大样图进行选板、试拼、编号，以保证板与板之间的色彩、纹理协调自然。

4. 涂刷防污剂：按编号顺序在石材的正面、背面以及四条侧边，同时涂刷防污剂（保新剂），这样可使石材在铺装时和以后的使用过程中，防止污渍、油污浸入石材内部，而使石材保持持久的光洁。

5. 铺找平层：根据地面标筋铺找平层，找平层起到控制标高和黏结面层的作用。按设计要求用1:1～1:3干硬性水泥砂浆，在浆好的地面均匀地铺一层厚度为20～50mm的干硬性水泥砂浆。因石材的厚度不均匀，在处理找平层时可把干硬性水泥砂浆的厚度适当增加，但不可压实。

6. 铺装石材：在找平层上拉通线，随线铺设一行基准板，再从基准板的两边进行大面积铺贴。铺装方法是将素水泥浆均匀地刮在选好的石材背面，随即将石材镶铺在找平层上，边铺贴边用水平尺检查石材表面平整度，同时调整石材之间的缝隙，并用橡胶锤敲击石材表面，使其与结合层黏结牢固。

7. 抹缝：铺装完毕后，用棉纱将板面上的灰浆擦拭干净，并养护1～2天，进行踢脚板的安装(图2-11)，然后用与石材颜色相同的勾缝剂进行抹缝处理。

8. 打蜡、养护：最后用草酸清洗板面，再打蜡、抛光。

九、木质类楼地面

木质楼地面是指楼地面的表层采用木板或胶合板铺设，经上漆而成的地面。其优点是弹性好、生态舒适、表面光洁、木质纹理自然美观、不老化、易清洁等；同时还具有无毒，无污染，保温，吸声，自重轻，导热性小，自然、温暖、高雅等特点。它被广泛用于住宅、办公室、体育馆、展览馆、宾馆、健身房、舞台等。它不仅被用于地面的装饰，而且还可用于墙面、天棚的装饰(图2-17)。

图2-17 温馨而典雅的木地板

随着制造工艺的不断改进和创新，木地板的诸多缺点如燃烧等级低，防水性能差，表面不耐磨，易被虫蛀，易变形等，均得到一定的改善或被克服。但是在装饰装修时，这些问题不能被完全忽略，应结合实际情况综合考虑。

（一）木质楼地面的类型

木质楼地面的类型已从单一的普通木质地板发展为多材质、多品种、多形式的新型高级装饰木地面。木地面按材质分有软木类地面、硬木类地面；按品种分有复合类木板地面、强化类木板地面、实木类地面；按形式分有条形类木板地面、拼花类木板地面；按构造技术分有架空式木地面、实铺式木地面、粘贴式木地面。所有木质类地面，有各自的特点，应根据具体情况选择和使用，而现代室内装饰装修中以实木板地面、复合木板地面、强化木板地面最为常见。

1．实木地板

实木地板根据加工工艺的不同有长条木地板、指接木地板、集成木地板、拼木地板等。均以高贵硬木为原料，经化学处理，高温干燥定型后，加工出带有企口的木地板。

实木地板具有木材的天然纹理美、木质自然而色泽柔和、自重轻、强度高、弹性好、脚感舒适、冬暖夏凉、气味芳香、环保健康等优点。实木地板适用于高级宾馆、办公室、别墅、住宅等。

实木地板表面有上漆和不上漆之分。一般实木地板出厂时表面已上漆，省去了安装后的涂漆工序。

常用规格有长300～1000mm，宽90～125mm，厚18mm。

2．复合木地板

复合木地板是由多种天然木材复合而成的一种新型、高档地面装饰材料。它是将优质硬木如橡木、柞木、楠木、柚木切成片状作面层，以杉木、松木经纵横交错，形成3～5层的叠式结构作为芯板和底板，经热压、胶合、上漆等工艺加工而成。具有硬度高、耐磨、木纹清晰、色泽明快、不变形、坚固耐用、防水防潮性能好等优点。适用于住宅、别墅、宾馆、饭店等。

常用规格有长600～1200mm，宽170～200mm，厚12～18mm。

3．强化木地板

强化木地板又叫强化复合木地板，是近年来在国内市场较流行的一种新型铺地材料。

强化木地板一般由面层、装饰层、基层、底层四层结构复合而成，有些很高级的是七层复合而成。

面层又叫保护耐磨层，为三氧化二铝涂层，是一种坚硬异常且不起化学反应的高科技结晶，保护装饰层的色彩图案不受磨损。具有抗冲击力强、防污、防紫外光、抗烫、阻燃性能佳、超强耐磨、易于保养等优点。

装饰层可根据要求经照相、印花仿制出各种花色图案及名贵树木、石材等的外观纹理，图案色彩美丽逼真，具有极强的装饰性。

基层为高密度防潮纤维板，能有效增加木地板的强度，改善其弹性性能和抗变形能力。

底层又叫防潮层，为具有防水防潮性能的合成树脂板，起防潮、阻燃作用。

强化木地板有天然木质地板的质感，又有花岗岩的坚硬，耐磨系数极高，表面不用上漆打蜡，地板带有企口，故安装非常简便。强化木地板规格多样，厂家不同，其规格不同。

4．防水地板

防水地板又叫桑拿地板，是以天然木材经蒸、煮、油漆浸泡、防腐、防水等工艺处理而成，具有独特的防水、防滑功能，以及有保暖按摩、不发霉、不腐烂、不变形、不开裂、施工快捷等特点，是一种新型地面装饰材料，适合浴室、厨房、露台、游泳池等潮湿场所使用。它由硬质塑料和防水地板两部分组成。

5．软木地板

软木地板是将软木颗粒热压并切割成片状，表面涂以透明的树脂耐磨层而制成的地板，是一种天然复合地板。软木是一种天然材料，自身具有柔软的弹性、保温性和隔热性，其隔音吸声、耐水性极佳，同时有自然、美观、防滑、抗污、脚感舒适等特点，并且有抗静电、耐压、阻燃等功能。它有长条形和方块形两种规格，长条形规格为900mm×150mm，方形为300mm×300mm。软木除用来制造地板外，还可制成墙面装饰材料，即软木贴面板。

（二）木质楼地面的基本构造

木质楼地面按构造形式可分为有地垄墙架空木地板和无地垄墙木地板两大类。

1．地垄墙架空木地面

地垄墙架空木地面多用于建筑的底层，它主要是解决设计标高与实际标高相差较大以及防潮问题，同时可以节约木地板下面的空间用于安装、检修管道设备。

地垄墙架空木地面主要由地垄墙、垫木、剪刀撑、木格栅、基层板和面板等组成。

地垄墙架空木地板的铺设要点：

(1) 砌地垄墙：地垄墙或砖墩，在架空木地板构造中不仅起着连接木格栅和防潮的作用，还起到承载木地面的荷载，使木格栅受力均匀的作用。地垄墙一般采用砖体砌筑，它们之间的间距，一般不大于2m(图2-18)。并在地垄墙上及建筑外墙上留通风洞，使空气对流，以利防潮。如架空木板内铺设了管道设备，还需预留检查孔。

(2) 安置垫木：地垄墙砌筑完毕后，应进行弹线、抄平，并在其上面设置50mm×100mm的垫木，用铁钉或用不锈钢膨胀螺栓固定，然后用沥青涂刷封层，以防受潮。

(3) 铺钉木格栅、剪刀撑：在地垄墙与垫木上铺钉木格栅，它的作用是固定和承托基层板及面板，木格栅的大小可根据设计及具体跨度来确定。木格栅的间距一般为400～600mm，为了保证木格栅的稳定性以及加强木地面的强度及整体性，还要在木格栅之间加剪刀撑(图2-19)。木格栅、剪刀撑需进行防潮、防虫处理。

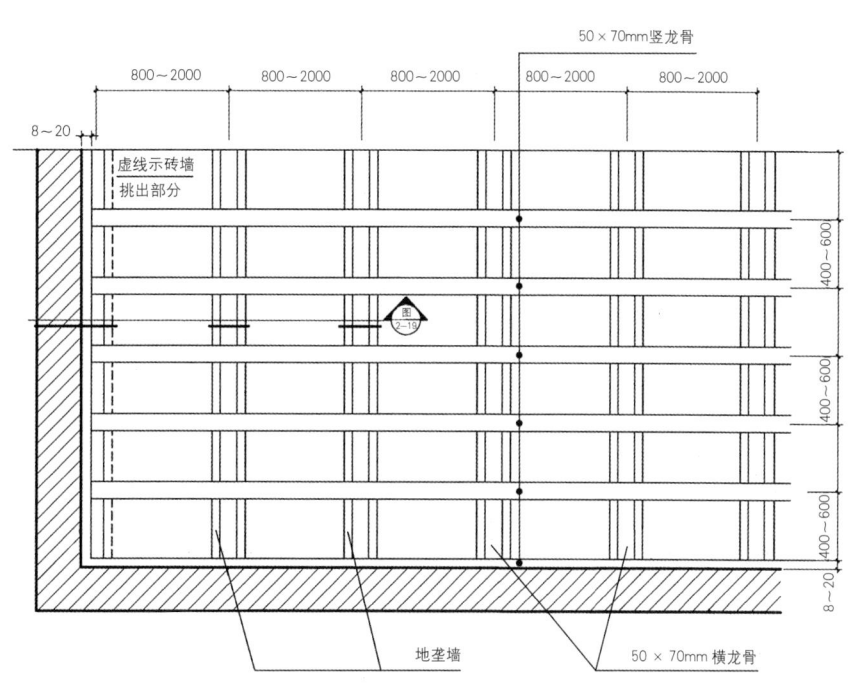

图2-18 地垄墙架空木地板布置图

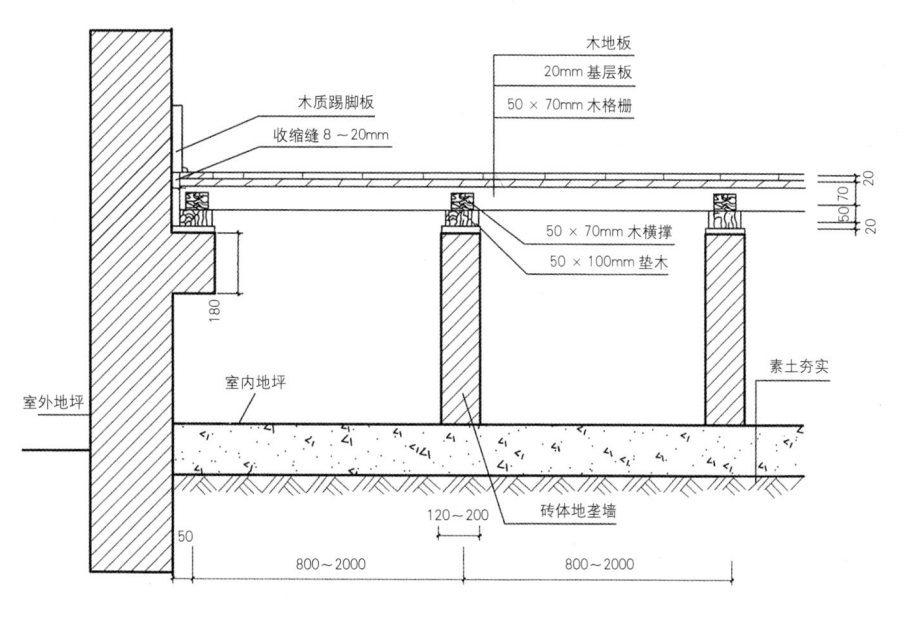

图2-19 地垄墙架空木地板装修构造示意图

另外也可用镀锌钢架代替垫木和木格栅及剪刀撑。用钢架作龙骨具有防腐、防虫蛀、阻燃、耐用等优点。

(4) 铺装基层板：木地板铺装有单层和双层之分(图2-20)。

单层地板是基层、面层合二为一，在木格栅上直接铺钉木板，并把表面刨光然后装踢脚板、补灰、上漆。木地板厚度一般为15~25mm，其材料可是木板也可是胶合板。

双层木地板是先在木格栅上铺订一层基层板，表面须光洁平整，基层板厚度一般为12~20mm，需进行防虫、防腐处理。然后在基层板之上铺装带有企口的木地板。

(5) 铺装木地板：木地板的安装构造方法，应根据木地板自身的构造特点选择相应的安装方式。其中实木地板、复合木地板的安装方法基本相同，但与强化木地板的安装有所区别。

① 实木地板铺装工艺：根据木地板的长、宽尺寸及拼花排板形势，在基层板表面弹出分格定位线。木地板的拼花图案可根据设计要求排列出各式各样的组合造型(图2-21)。一般以错缝形势从门口或房间一边墙根往中间进行铺装。每铺一块木地板，应用小铁锤垫木块轻击木地板的长、短边，使木地板企口与企口之间咬合牢固。然后在另两条边的凹凸处，每边钉2~4颗圆钉或直钉增加木地板与基层的稳定性。木地板与墙面之间必须留8~20mm的膨胀收缩缝。边铺装边查检地板平整度，板与板之间的缝隙应大小一致。实木地板也可用胶粘于基层板上。

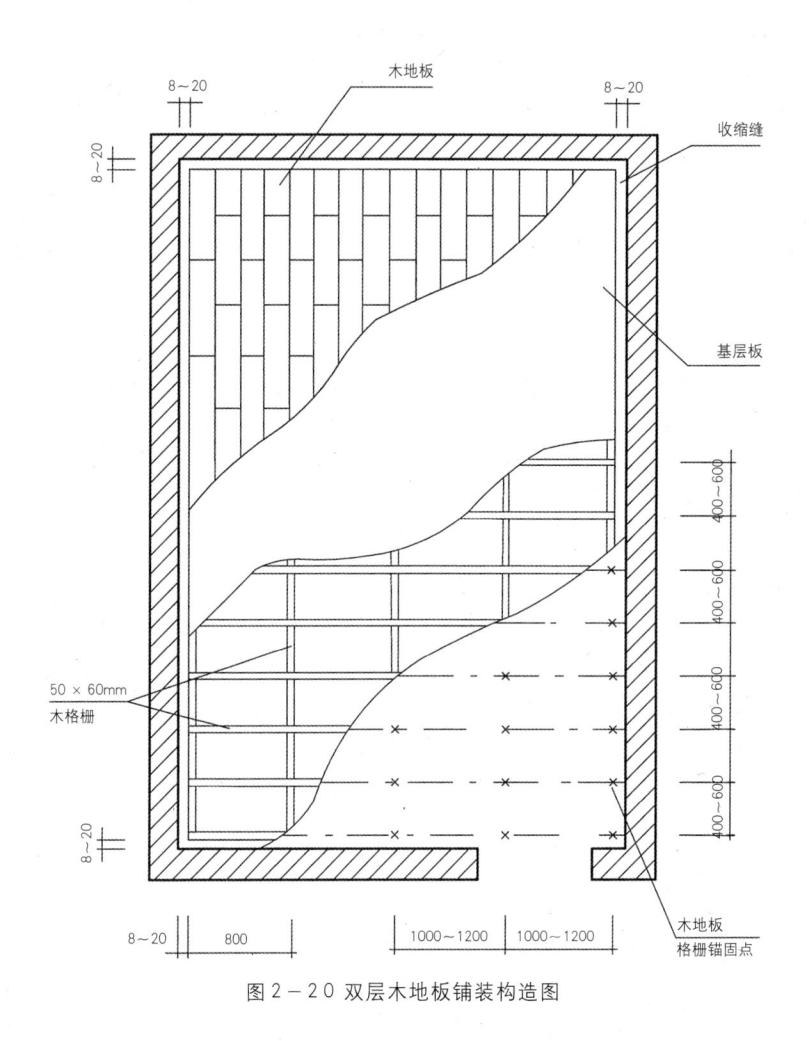

图2-20 双层木地板铺装构造图

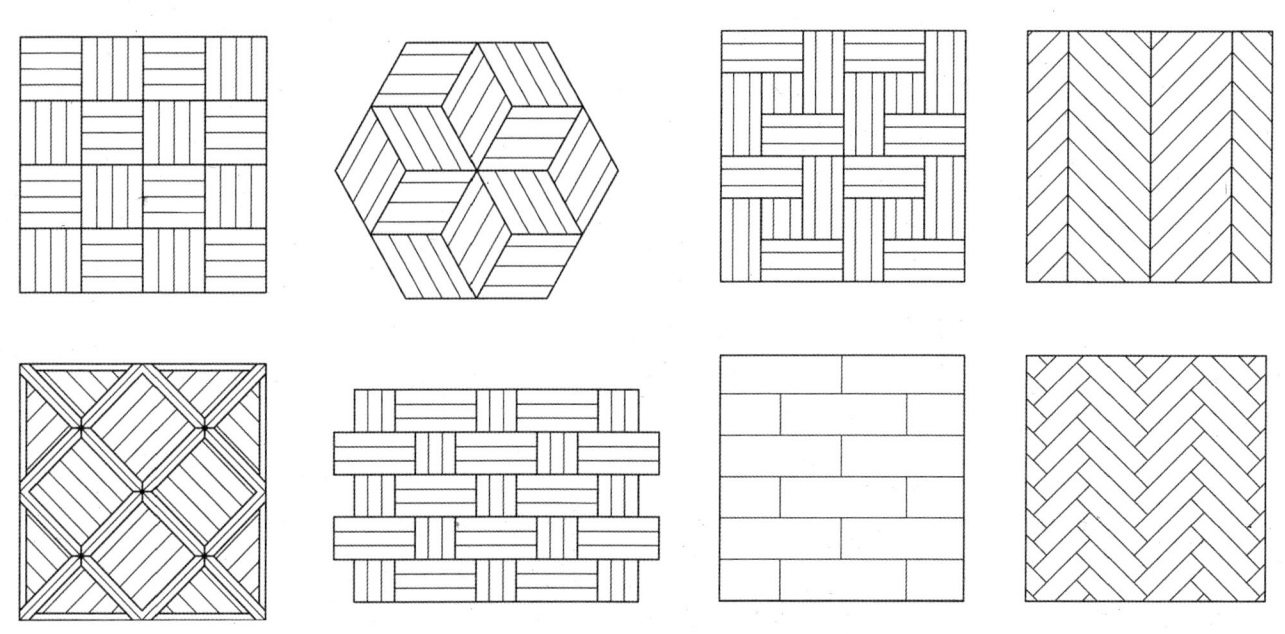

图2-21 木地板拼花组合形式

② 强化木地板铺装工艺：强化木地板可铺装在木基层上，也可铺装在平整、干燥的混凝土结构层上。

强化木地板条有严密的企口，铺装时不需用铁钉固定或胶粘，只需在木基层或找平层上先铺一层聚乙烯泡沫软垫，以降低噪声，增加弹性。然后将强化木地板顺企口拼装在泡沫软垫上，并在企口处涂抹少量专用胶粘剂。

(6) 安装踢脚板：木地板与房间四周墙面的交界处应设木踢脚板或塑料踢脚板，起装饰和遮挡收缩缝之用。踢脚板可用钉加胶粘剂或用挂卡等形式固定(图2-22、图2-32)。

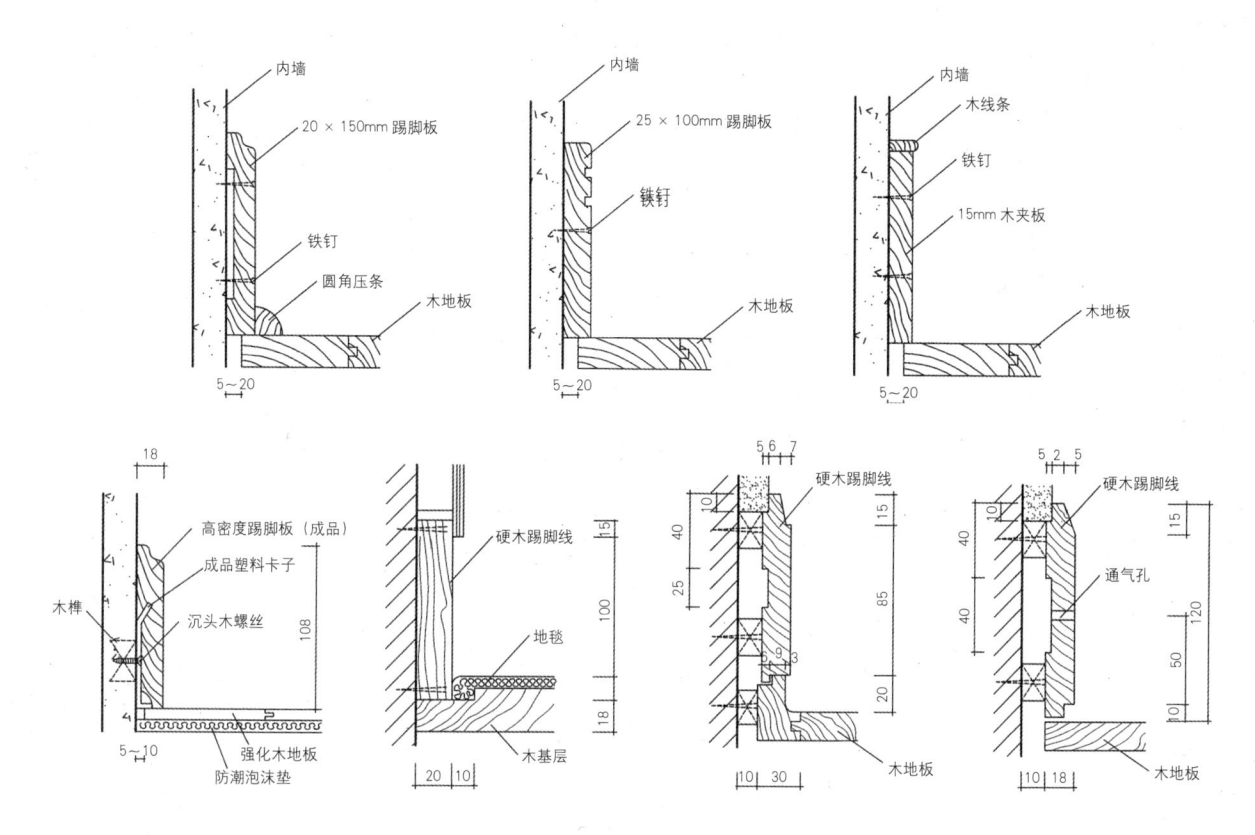

图2-22 木质踢脚的构造做法

2．无地垄墙木地面

无地垄墙木地面主要安装在地面基层平整，防潮性能好的底层及楼层地面，分空铺与实铺两种。

(1) 无地垄墙空铺木地板：是将木格栅直接固定在室内水泥砂浆（混凝土）上，而不像架空式木地面那样利用地垄墙架空。主要由主龙骨、次龙骨、基层板及面板组成(图2-23)。

无地垄墙空铺木地板要点：

① 基层清理：要求基层有足够的硬度、平整度；同时检查地面防潮性能是否达到设计要求。

② 找平放线：根据设计要求的标高进行找平，把标高线弹于四周墙上，作基层及铺装地板之用。

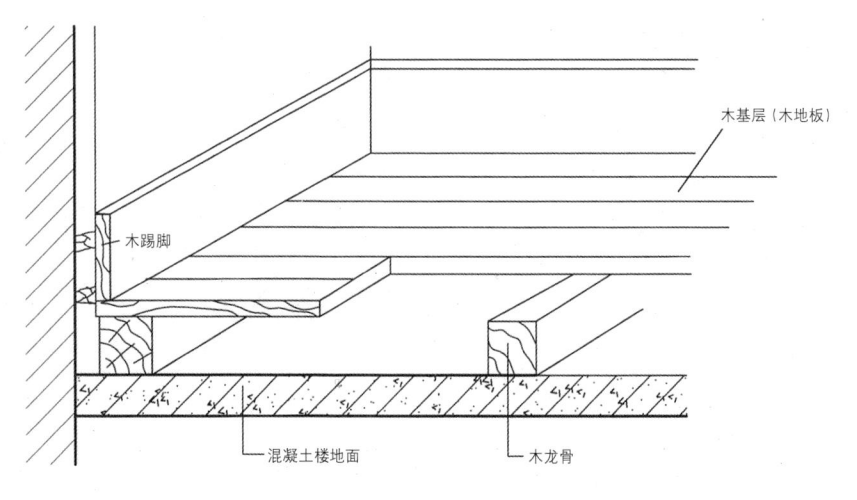

图2-23 空铺木地板构造示意图

③ 拼装木网格：用优质、干燥的针叶木加工成截面为40mm×40mm正方形、40mm×60mm长方形木条，也可根据设计要求调整木条的尺寸大小。将木条按半槽口结构拼装成正方形或长方形网格，具体尺寸可根据基层板而定。其做法与木龙骨胶合板吊顶构造同理(图1-14)。

④ 铺钉木网格：根据木网格的尺寸，在结构层上弹线，确定固定点位并钻孔，孔与孔的间距一般以木网格的尺寸为依据，然后塞入木楔，再把木网格置于地面用铁钉固定。

另外，也可用 φ8～φ12mm 膨胀螺栓与木框架连接。

⑤ 铺钉基层板：在铺装基层板之前，应对木框架进行刨光、找平。基层板可用木板、细木工板、木夹板、复合板等，基层板铺钉完成后，再在其上面装木地板。

⑥ 铺装木地板、踢脚板与地垄墙架空式木地面安装方法相同。

(2) 无地垄墙实铺木地板：是指不用木格栅，而直接将基层板和面板铺装在水泥砂浆（混凝土）结构层上(图2-24)。

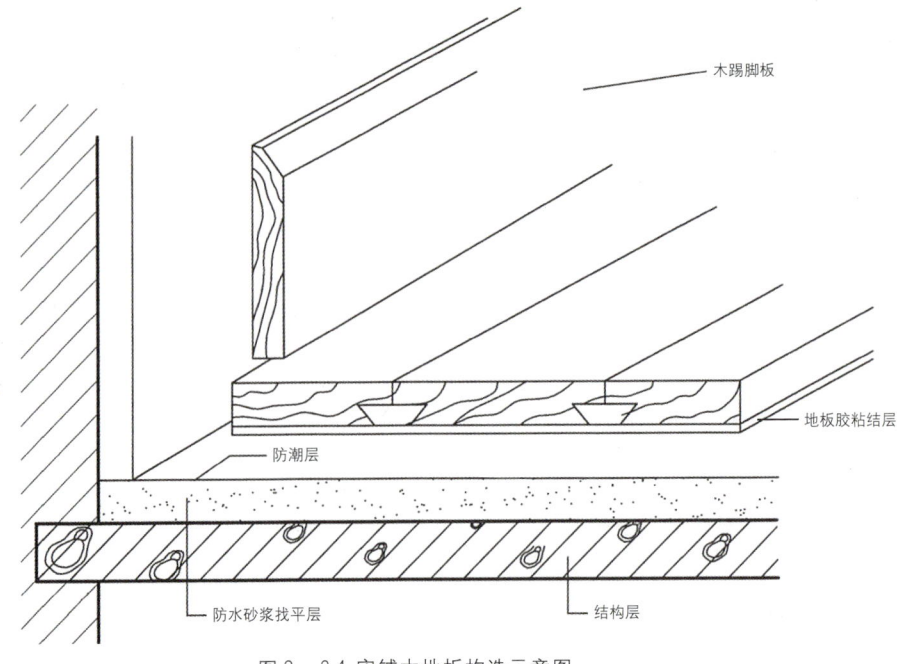

图2-24 实铺木地板构造示意图

无地垄墙实铺木地板要点：

① 基层清理、找平放线和无地垄墙空铺木地板方法同理。

② 铺钉基层板：根据具体设计，将纵横十字网格控制线同时弹于基层板和地面上，使其尺寸保持一致。在弹好的网格线上钻孔，孔距一般以网格线为准，把基层板置于地面用铁钉固定，钉头须沉入基层板内。

另外，实铺木地板也可不用基层板，而直接将面板粘贴（钉）在水泥砂浆（混凝土）结构层上。

③ 铺装木地板、踢脚板：与地垄墙架空式木地板安装方法同理。

十、地毯类楼地面

地毯的使用已有悠久的历史，最早的地毯只具有实用性即御寒、防湿、利于坐卧之用。随着社会的发展和进步，以及各民族文化、艺术水平的提高，地毯已从单一的实用功能，逐步发展成一种具有欣赏价值的艺术品。室内装饰中，它以色彩多样，图案丰富，行走舒适，可营造出富贵、华丽的氛围而在全世界被广泛应用，成为重要的铺地材料之一(图2-25)。地毯具有良好的弹性与保温性，极佳的吸声、隔音、减少噪声等功能。其施工简便、更换容易、不易褪色、不易老化、抗静电性能好；其不足之处是耐菌性、耐虫性、耐湿性效差。

图2-25 华丽的地毯与其他界面融为一体

（一）地毯的分类及性能

地毯可按材质、装饰纹样及编织工艺进行分类。

1．按材质分类

（1）羊毛地毯：也叫纯毛地毯，是以绵羊毛为主要原料制成的，属天然纤维地毯，是一种高档装饰材料。羊毛地毯质地厚实、手感柔和、回弹性好、不易老化，但耐菌性、耐虫性较差，价格昂贵。适用于高级宾馆、酒店、宴会厅、舞台等处的装饰。

（2）混纺地毯：是以羊毛纤维和合成纤维混纺编织而成，其性能介于羊毛地毯与化纤地毯之间，耐磨、防虫、抗菌等性能优于羊毛地毯。价格较羊毛地毯便宜，适用范围较广。

（3）化纤地毯：又叫合成纤维地毯，是以化学纤维为原料用簇绒法或机织法加工制成的。常用的合成纤维材料有丙纶、腈纶、锦纶、涤纶等。化纤地毯外观和触感极似羊毛地毯，耐磨而富有弹性，抗静电性能极佳，不易老化，不怕晒，抗菌、防虫、阻燃性能好，清洁擦洗方便。

化纤地毯中，又以尼龙地毯性能最突出，而被大量应用。

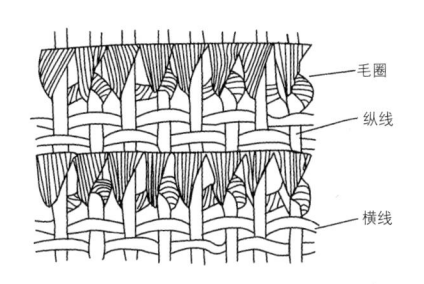

缎通（波斯结）
以经线与纬线编织而成基布，再用手工在其上编织毛圈。

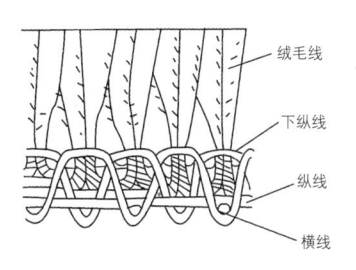

威尔顿
是一种机械编织，以经线与纬线编织成基布的同时，织入绒毛线而成。可以使用2～6种色彩线。

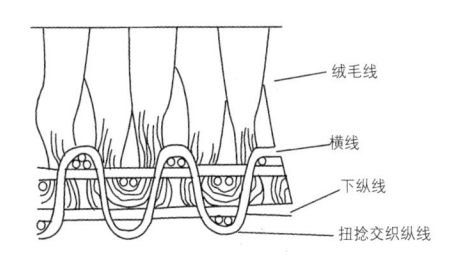

阿克斯明斯特
通过提花织机编织而成。编织色彩可达30种颜色，其特点是具有绘画图案。

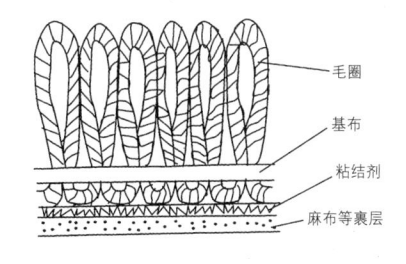

簇绒
在基布上织入绒毛线而成的一种制造方法。可大量、快速且便宜地生产地毯。

图2-26 地毯的构造形式

2．按编织工艺分类（图2-26）

（1）手工编织地毯：也称手工打结地毯，主要用于羊毛地毯的制作，此种方法采用双经双纬，人工打结裁绒，将绒毛层与基布一起织成。做工精湛，图案、色彩千变万化，是地毯中的精品，但价格昂贵。主要用于星级宾馆、高级宴会厅、接待厅、俱乐部等。

（2）机织地毯：顾名思义即以机器织成的地毯，密度较大，耐磨系数优于簇绒地毯，主要用于商场、剧院等人流量大的场所，所以也称为商用地毯。

（3）簇绒地毯：又称裁绒地毯，它是通过往复或穿针的纺机，把毛纺成纱后织入基层麻布，使之形成毛圈，再用刀片横向将毛圈顶部切开，故又称割绒地毯。多用于小会议室、家庭、宾馆客房、包房等人流量较小的场所。

塑料地板不仅具有独特的装饰效果，而且还具有质地轻、表面光洁、有弹性、脚感舒适、防滑、防潮、耐磨、耐腐蚀、易清洗、阻燃、绝缘性好、噪声小、施工方便等优点(图2-30)。

塑料地板广泛用于公共空间及人流量较大的地方。

塑料地板可铺贴在水泥砂浆、混凝土、木板、金属等各种类型的地面上。

塑料地板铺贴要点：

1. 基层清理：铺设塑料地板要求地面基层必须干燥、平整光滑、有强度。

2. 弹线：在基层面上根据设计要求以及塑料地板的尺寸、图案、色彩准确弹出纵横交叉分格线。塑料地板铺贴一般采用对角定位法和直角定位法(图2-31)。

3. 选板试拼：铺贴前应根据施工大样图进行选板、试拼、编号，以保证板与板之间的图案、色彩、纹理拼接准确自然。

4. 刷胶粘剂：铺贴前需先在塑料地板背面及地面涂胶2~3遍。

5. 铺贴地板：待胶不粘手后，可从房屋中间或从一边开始铺设，并用橡胶槌敲击塑料地板，赶走气泡使其牢固。

6. 养护：地板铺贴完毕，用溶剂把地板擦试干净，养护1~2天。最后安装踢脚板，其材质可以是成品塑料踢脚板(图2-32)，也可以是木材或其他材质的踢脚板。

图2-30 整体而多变的塑料地面

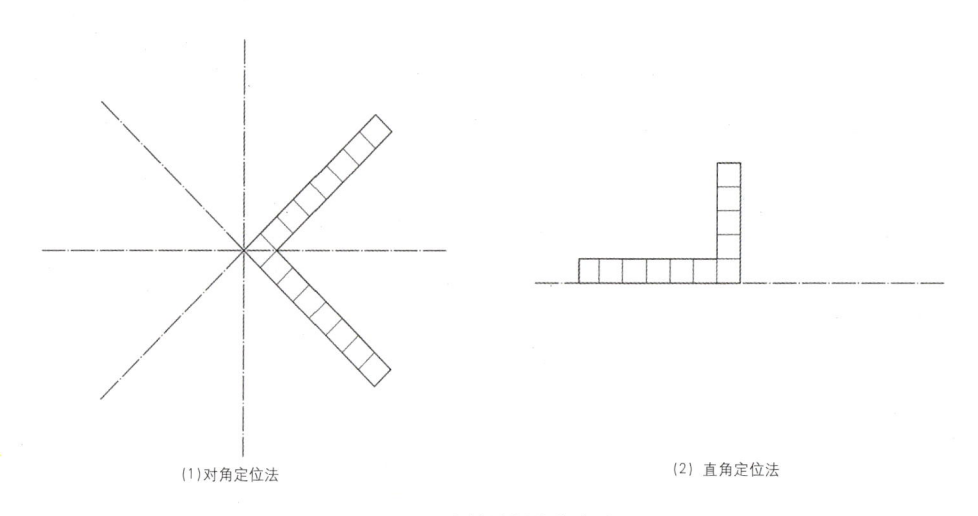

(1) 对角定位法　　　　(2) 直角定位法

图2-31 塑料地板定位方法

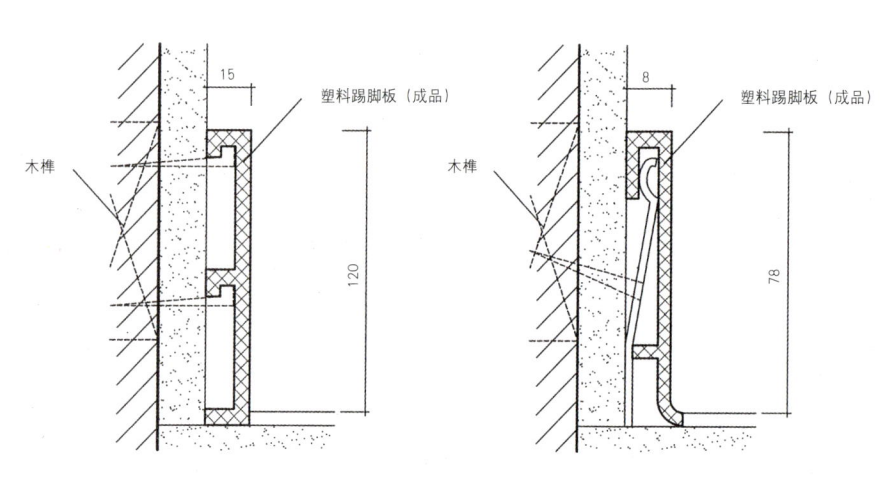

图2-32 塑料踢脚构造

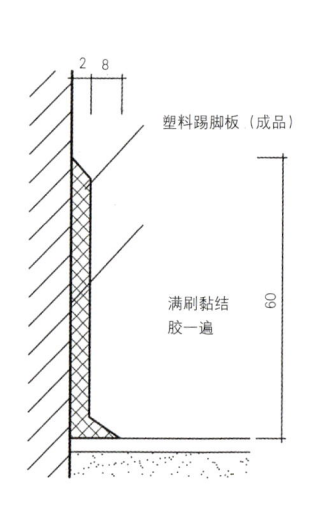

单元教学导引

目标	通过本单元的学习，使学生了解、熟悉室内楼地面的功能、组成、分类、要求及常用室内楼地面装饰装修材料的性能、特征和选择原则。同时，掌握楼地面的一般构造方法，并了解它们之间的个性与共性。
要求	本单元通过课堂讲授和多媒体演示，并结合图例及材料实样穿插进行的教学方式，让学生对各种楼地面装修材料与构造原理、细部节点有一个较全面的认识。教学中还可结合市场调研、现场观摩、考察等方式，使学生知道各种楼地面装饰装修材料在实际工程中的具体应用，让他们有一个从理性到感性的认识过程。
重点	了解、熟悉常见室内楼地面装修材料，掌握室内楼地面材料的选择原则以及构造原理和施工工艺，懂得怎样用施工图去表述设计方案。
注意事项提示	室内楼地面装饰装修材料与构造技术有别于其他界面材料，注意它们之间的共同点——舒适性、耐久性、安全性、装饰性以及不同材料的构造特点。
小结要点	本单元从室内楼地面的形式和组成及常用装饰装修材料的基本知识入手，每一个部分都详细讲授了楼地面的功能、构造特点、细部处理的方法，在教学中，强调学生的实际应用能力，强调逻辑思维和形象思维的结合。引导学生正确认识和掌握楼地面的构造技术，并能应用于具体的设计中。

为学生提供的思考题：

1. 木质楼地面按其构造方式可分为哪几种？
2. 简述花岗岩和大理石的区别。
3. 简述石材地面的基本构造方法。
4. 简述地毯的铺贴工艺。

为学生课余时间准备的作业练习题：

1. 临摹各类典型案例楼地面装饰的构造大样图、细部节点详图（具体要求和内容由任课教师确定）。
2. 收集各种木质地板，并熟悉它们之间的个性和共性。
3. 了解、熟悉各种国内外大理石、花岗石的特性、加工手段及施工工艺。
4. 了解《天然石材产品放射防护分类控制标准》（JC 518—93）。

本单元作业命题：

1. 用无地垄墙空铺木地板构造法铺设一套住宅空间楼地面。
2. 选一大厅或办公空间进行天然石材的铺设设计。

单元作业设定缘由：

本单元主要以教师课堂讲授和市场调研为主。通过学习和作业的练习，使学生对楼地面的装饰装修材料和构造有一个较深的认识。

单元作业要求：

了解、熟悉天然石材和木质地板的基本性质，它们之间的区别所在，掌握木质类地面铺装构造，并能举一反三地灵活应用。注意木地板拼铺方向与房间的关系以及搭接处的处理技巧，踢脚与界面的处理方式。

注意天然石材之间不同花纹、色彩的搭配关系和细部处理，同时绘出石材拼接的大样图、节点图。

命题作业的实施方式：

课堂讲授示范、市场调研和施工现场考察、讲解、讨论。

作业规范与制作要求：

临摹作业、命题作业用CAD制图软件绘制（手绘）完成，并严格按建筑制图规范和要求执行，最后和市场调研报告一起装订成册。

单元作业小结：

通过提问、讨论、市场调研、现场考察、参观学习，使理论与实践相结合，艺术与技术相融合，让学生懂得地面装饰装修在室内设计的重要性。

第三教学单元

墙面装饰

一、概述

墙面是空间围合的垂直组成部分,也是建筑空间内部具体的限定要素,其作用是可以划分出完全不同的空间领域。

内墙装饰不仅要兼顾装饰室内空间、保护墙体、维护室内物理环境,还应保证各种不同的使用条件得以实现。而更重要的是它把建筑空间各界面有机地结合在一起,起到渲染、烘托室内气氛,增添文化、艺术气息的作用,从而产生各种不同的空间视觉感受(图3-1)。

室内墙面的装饰与处理在人们的视觉范围内处于最明显的位置,在装饰装修设计中,由于功能的需要,往往在原建筑空间的基础上,作进一步的分割与完善,使空间变得层次更丰富,功能更合理。它与其他界面的关系应遵循结构合理,层次分明,对比统一,均衡与稳定,节奏与韵律,比例与尺度相协调的艺术法则(图3-2)。

二、室内墙面装饰功能与要求

内墙的装饰在满足美化空间环境、提供某些使用条件的同时,还应在墙面的保护上多做文章。它们三者之间的关系相辅相成,密不可分。但根据设计要求和具体情况的不同有所区别(图3-3)。

保护功能:室内墙面虽不受自然灾害天气的直接侵袭,但在使用过程中会受到人的摩擦、物体的撞击、空气中水分的浸湿等影响,因而要求通过其他装饰材料对墙体表面加以保护,使之延长墙体及整个建筑物的使用寿命。

装饰功能:在保护的基础上,还应从美的角度去审视内墙装饰。并且从空间的统一性加以考虑,使天棚、墙面、地面协调一致,建立一种既独立又统一的界面关系,同时创造出各种不同的艺术风格,营造出各种不同的氛围环境。

使用功能:室内是与人最接近的空间环境,而内墙又是人们身体接触最频繁的部位,因此墙面的装饰必须满足基本的使用功能,如易清洁、防潮、防水等。同时还应综合考虑建筑的热学性能、声学性能、光学性能等各种物理性能。并通过装饰材料来调节和改善室内的热环境、声环境、光环境,从而创造出满足人们生理和心理需要的室内空间环境。

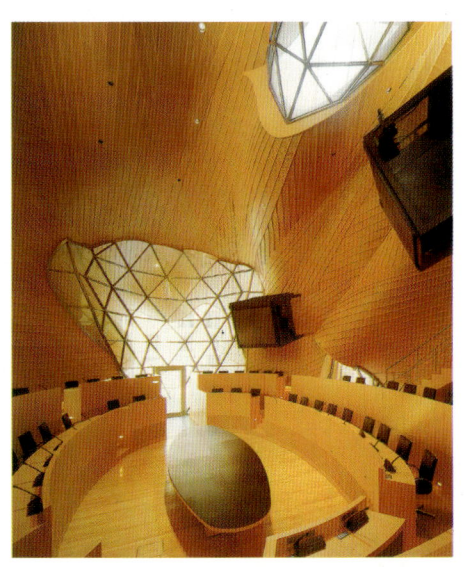

图3-1 同种材质不同形式的组合,使空间界面具有强烈的装饰韵味和艺术气息

图3-2 科学而艺术的分割使空间层次更加分明

三、室内墙面材料的特征及类型

内墙面是人最容易感觉、触摸到的部位，材料在视觉及质感上均比外墙有更强的敏感性，对空间的视觉影响颇大，所以对内墙材料的各项技术标准有更加严格的要求。因此在材料的选择上应坚持"绿色"环保、安全、牢固、耐用、阻燃、易清洁的原则，同时应有较高的隔音、吸声、防潮、保暖、隔热等特性。

不同的材料能构成效果各异的墙面造型，能形成各种各样的细部构造手法。材料选择正确与否，不仅影响室内的装饰效果，还会影响到人的生理及精神状态。人们甚至把室内墙面装饰材料称为"第二层皮肤"（图3-4）。

室内墙面装饰装修材料种类繁多，规格各异，式样、色彩千变万化。从材料的性质上可分为木质类、石材类、陶瓷类、涂料类、金属类、玻璃类、塑料类、墙纸类等等，可以说基本上所有材料都可用于墙面的装饰装修。从构造技术的角度可归结为五类即抹灰类、贴挂类、胶粘类、裱糊类、喷涂类。

四、抹灰类墙面

内墙装饰中抹灰材料主要有水泥砂浆、白灰砂浆、混合砂浆、聚合物水泥砂浆以及特种砂浆等，它们多在土建施工中即可完成，属一般装饰材料及构造（图3-5）。

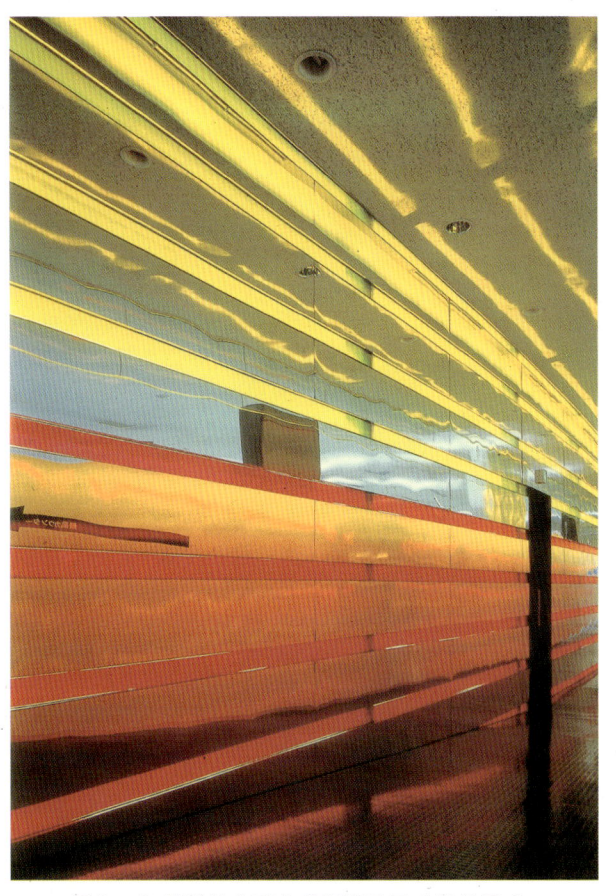

图3-3 材料的合理应用既满足了功能的要求，又有强烈的视觉冲击力

图3-4 不同材质与色彩构成的界面影响人的心理和生理感受

图3-5 朴素的抹灰墙面对空间产生别样的视觉效果

五、贴挂类墙面

贴挂类墙面装饰，是指以人工烧制的陶瓷面砖以及天然石材、人造石材制成的薄板为主材，通过水泥砂浆、胶粘剂或金属连接件经特殊的构造工艺将材料粘、贴、挂于墙体表面的一种装饰方法。其结构牢固、安全稳定、经久耐用。贴挂类墙面装饰因施工环境和构造技术的特殊性，饰面材料尺寸不易过大、过厚、过重，应在确保安全的前提下进行施工(图3-6)。

贴挂类墙面装饰的主要构造方法有湿贴构造法、干挂构造法、湿挂构造法、胶粘构造法等几种形式，施工中可根据设计和建筑物墙体的具体情况来选择。

1．陶瓷面砖的构造方法

陶瓷釉面砖构造一般采用湿贴法或胶粘法。

（1）湿贴构造法：是指单纯用水泥砂浆而不用其他辅助材料粘贴饰面板的一种施工方法。常用于较小尺寸的陶瓷面砖、饰面石材的粘贴。

湿贴构造法施工要点：

① 墙面基层处理：粘贴前检查墙面基层是否有空鼓现象，如有应把空鼓部分除掉，再把墙体表面进行凿毛处理，并用清水湿润，抹1∶3水泥砂浆底灰，表面用木条刮毛，便于找平层与釉面砖粘贴牢固。

② 排砖、弹线定位：根据设计要求及釉面砖的尺寸、图案、纹理在找平层上排砖，同时分别弹出水平和垂直控制分格及定位线。面砖的排列、对缝方法多样而富有变化(图3-7、图3-8)。

③ 釉面砖浸水：釉面砖在粘贴前应在水中充分浸泡湿润，浸水后的釉面砖应阴干备用。

④ 粘贴釉面砖：首先在墙面四角贴标准块，以墙面所弹水平和垂直控制线为依据，由下至上粘贴釉面砖。最下层面砖应用木板支撑，防止粘贴釉面砖时，水泥砂浆未硬化前砖体下坠变形(图3-7)。

把1∶2水泥和乳胶溶液混合砂浆均匀涂抹在釉面砖背面按线粘贴，并用橡胶槌轻轻敲击，使釉面砖紧贴找平层，并用水平尺按标准块检查平直。

⑤ 缝隙处理：缝与缝之间用专用填缝剂勾缝，最后将釉面砖擦净。

（2）胶粘构造法：是将大力胶涂抹在釉面砖背面直接粘贴在建筑物墙体表面上。其他作业方法和湿贴法构造相同。

图3-6 简单的贴挂墙面同样可以营造出不一样的空间效果

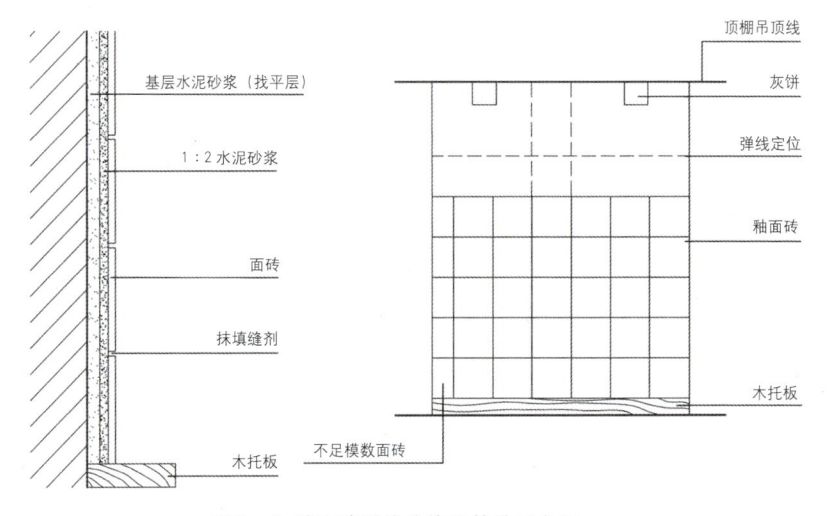

图3-7 釉面砖弹线分格及粘结示意图

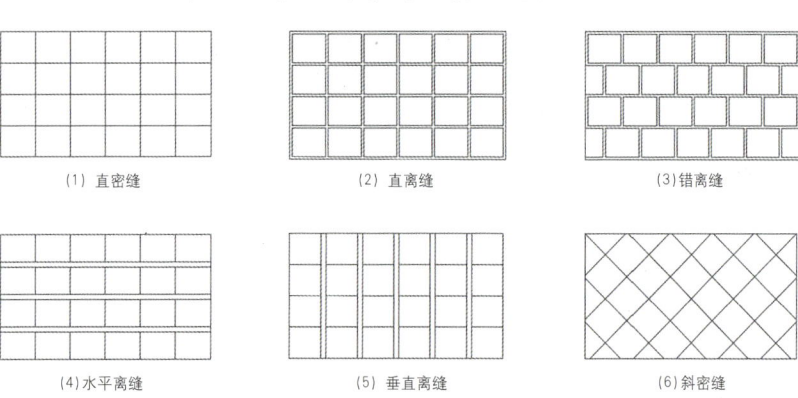

图3-8 面砖的排列方法

(1)直密缝　(2)直离缝　(3)错离缝
(4)水平离缝　(5)垂直离缝　(6)斜密缝

图3-9 传统材料同样可以创造出富有特色的艺术效果

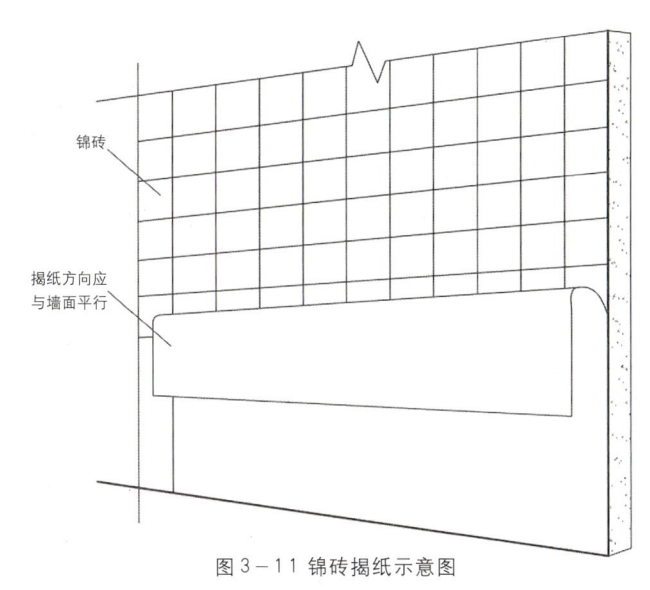

图3-11 锦砖揭纸示意图

2．锦砖贴面的构造方法

锦砖分陶瓷和玻璃两类，它虽是一种传统装饰材料，但是因其构造灵活多变，可随意拼贴出丰富的花纹图案，至今仍被广泛用于建筑物的内外墙面及地面的装饰装修(图3-9)。

陶瓷锦砖、玻璃锦砖构造方法相同，均采用湿贴法和胶粘法。

锦砖贴面的施工要点：

(1) 墙面基层处理、弹线定位与釉面砖的构造方法相同。

(2) 铺贴锦砖：铺贴时，将1∶1水泥砂浆（可掺入适量乳胶溶液，增加粘结度）抹入一"联"锦砖非贴纸面，以墙面定位线为依据，由上至下铺贴，再用木板压实压牢，并擦净边缘缝隙溢出的水泥砂浆。铺贴时应随时用水平尺控制锦砖表面平整度，并调整锦砖之间的缝隙，缝与缝之间应平整、光滑、无空鼓(图3-10)。

(3) 揭纸：锦砖铺贴完毕初凝后，洒水湿润牛皮纸，进行养护至充分凝固（12小时左右），轻轻揭去面纸，如有单块锦砖随纸揭下，须重新补上(图3-11)。

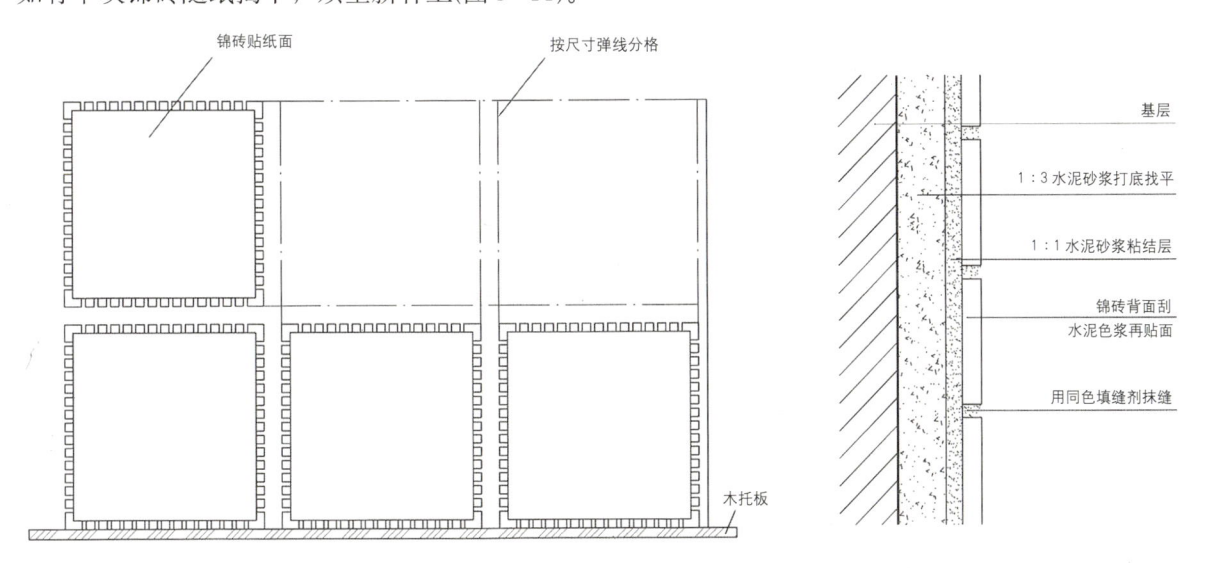

图3-10 锦砖弹线分格及镶贴示意图

(4) 缝隙处理：锦砖完全凝固后，用软布包白水泥填缝，也可根据锦砖的颜色，选择相应的填缝剂进行勾缝处理。

3．饰面石材的构造方法

石材贴面构造大都采用挂的方式，主要有湿挂贴构造法、干挂构造法和胶粘构造法三种。它是粘贴类构造法的延续，主要用于大型的天然和人造饰面石材及大尺寸瓷板的安装。

(1) 湿挂贴构造法：历史悠久，是一种传统的工艺。在采用金属钉挂贴和铜丝或不锈钢丝绑扎连接饰面板材时，需要分层灌注水泥砂浆，而最早使用的钢筋网挂贴施工法已被逐渐淘汰。湿挂贴构造法安装高度一般不超过5m。

湿挂贴法的施工要点：

① 基层处理：清理墙面基层，把墙体表面进行凿毛处理，并用清水湿润，根据饰面石材的尺寸弹线定位。

② 排板、编号：为了满足室内装饰效果，使安装好的饰面石材颜色、花纹尽可能纹理通顺一致，安装前需按施工大样图在地上进行选板、预拼、编号。编号一般由下向上编排，有缺陷的饰面石材可用于不显眼的部位。

③ 饰面石材开槽、钻孔

钩挂法：在饰面石材顶部两端居板厚中心处钻2～4个直孔，孔直径为6mm，孔深为40～50mm，具体孔位通常视板的宽度而定。另外需在石板两侧分别各钻直孔一个，孔位距石板下端100～150mm，孔直径为6mm，孔深35～40mm。直孔都需剔出6～10mm宽的槽，以便安装「\形钢钉(图3-12～图3-14)。

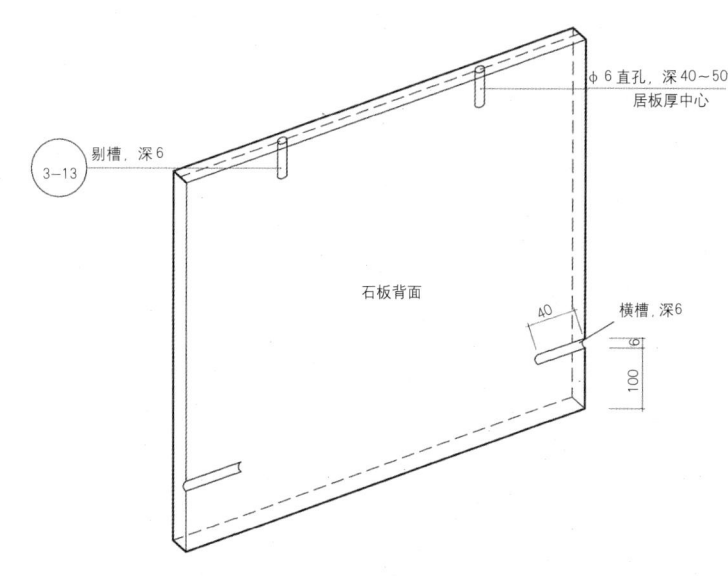

图3-12 石材钩挂法钻孔剔槽示意图

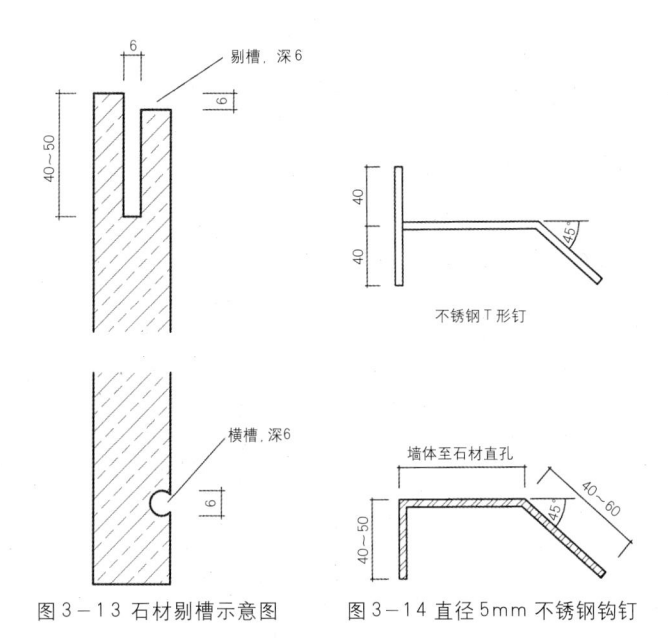

图3-13 石材剔槽示意图　图3-14 直径5mm不锈钢钩钉

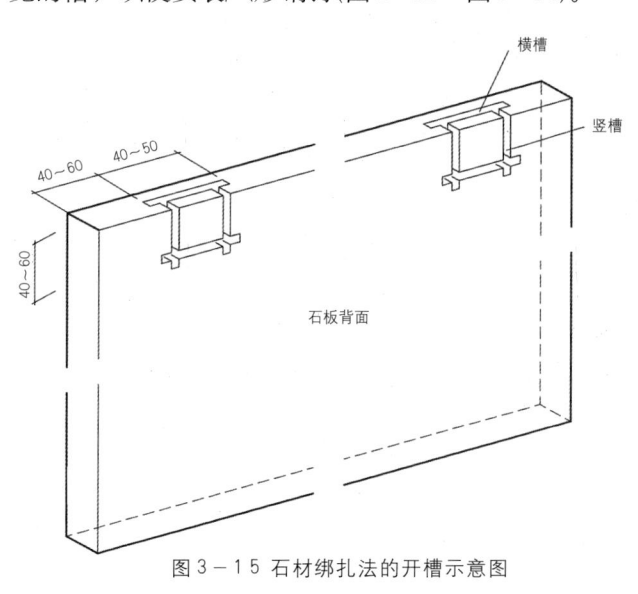

图3-15 石材绑扎法的开槽示意图

绑扎法：在饰面石材顶部两端居板厚中心处及背面各开横槽两条，横槽长各为40～50mm，横槽距板边40～60mm，再在石材背面开四条长为40～60mm竖槽(图3-15)。

④ 墙体钻孔

钩挂法：按饰面石材钻孔位置，分别定出墙体相应钻孔位置，并在墙体上用电钻钻45°斜孔，孔直径6mm，孔深50～60mm(图3-16)。

绑扎法：按石材开槽位置，分别在墙体上用电钻钻孔，孔直径8～12mm，孔深大于60mm，再向孔内打入相应的膨胀螺栓备用(图3-17)。

⑤ 涂刷防污剂：在饰面石材的正面、背面以及四边同时涂刷防污剂（保新剂）。

⑥ 安装饰面石材

钩挂法：用直径5mm不锈钢丝制成「\形钢钉，同时把大力胶满涂于钢钉上和石材孔内。饰面石材由下往上安装，将钢钉的直角钩插入石材顶部直孔内，而钢钉斜角一端则插入墙体45°斜孔内，再次注满大力胶，并调校饰面石材的水平缝隙，接着在饰面石材与墙体之间用大头硬木楔将石材胀牢(图3-16)。

绑扎法：安装时由下而上进行，将18号不锈钢丝或铜丝剪成200mm长的线段并弯成⌒形，套入石材背面横竖槽内，在石材顶部横槽处交叉拧紧，并涂抹大力胶，然后将其绑扎在墙体的膨胀螺栓上(图3-17)。安装时用水平尺检查饰面石材表面的平整度，同时用大头硬木楔嵌入石材与墙体之间，将石材胀牢。

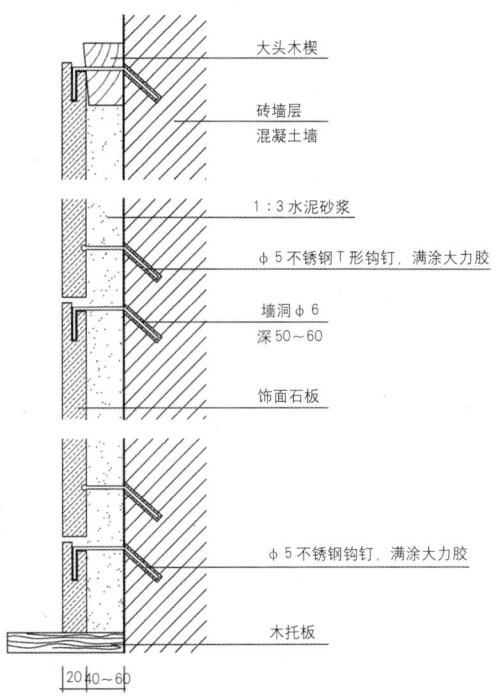

⑦ 灌浆：用1：3水泥砂浆分层灌注（浅色饰面石材须用白水泥浆灌注），每次灌浆高度不超过饰面石材的1/3。待第一层水泥砂浆初凝后，再灌第2层砂浆，一块石材通常分3~4次灌完。最后一层砂浆离上口50mm处即停止灌浆，留待上排饰面石材灌浆时来完成，从而使上下石材连成整体。

⑧ 清理、嵌缝：全部饰面石材灌注完毕后，用软布清理缝隙处溢出的砂浆，按石材颜色调制填缝色浆嵌缝，最后上蜡抛光。

（2）干挂构造法：又叫空挂法，是经发展改进而形成的一种新型饰面石材构造技术。它利用金属挂件将饰面石材直接悬挂在墙体上或以不锈钢、铝合金、镀锌钢制作成的金属结构支撑架上，起到"双保险"的作用，避免因板材的自重或水泥砂浆粘贴不牢引起的空鼓、裂缝、脱落等一系列问题。该方法不需灌注水泥砂浆，有效地克服了因水泥浆中盐碱等色素对石材的渗透所造成的石材表面发黄变色、水渍锈斑等通病。

干挂构造技术具有表面平整、花纹图案统一、安全可靠、抗震性好、安装灵活快捷、污染较小等优点。但构造技术要求高、辅助配件较多、造价高，因此多用于装饰装修标准较高的工程。

干挂构造法又分钢架锚固法和直接锚固法两种。

钢架锚固法：主要适宜高于9m的高层建筑物内外墙面。因为高层建筑轻质填充墙不能作承重结构，故借助金属骨架作建筑物承重墙体，它能承受饰面石材自身的重量、风荷载、热膨胀。

钢架锚固法施工要点：

① 基层处理：清理墙体基层表面，使之平整适合钢架连接件安装。计算连接件的尺寸和安装位置。

② 弹线、定位：根据设计图和现场实际情况，确定钢架支撑锚固点的位置，钢架支撑锚固点应选择墙面现浇部位作为承重点。同时在墙体表面弹出安装饰面石材的位置线和分格线。

③ 墙体钻孔：根据墙面所标示的支撑点位置，用电钻钻孔，孔直径为14~16mm，深度不小于60mm。随后将不锈钢膨胀螺栓满涂大力胶插入孔内。

④ 金属钢架安装：把金属钢架连接件套入墙面膨胀螺栓内，用电焊加以固定。然后按石材宽度先将主竖钢龙骨与连接件焊接，再按石材高度将副横钢龙骨与主竖钢龙骨焊接。从而在墙面形成

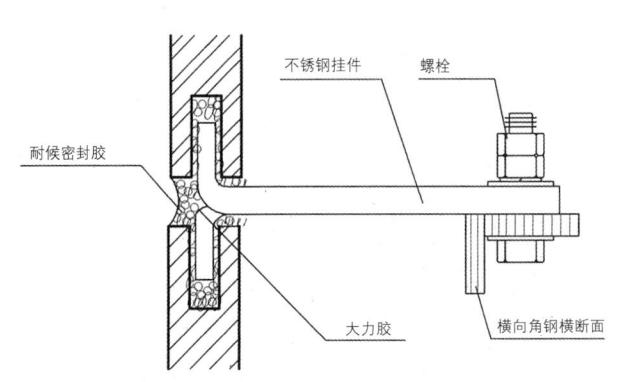

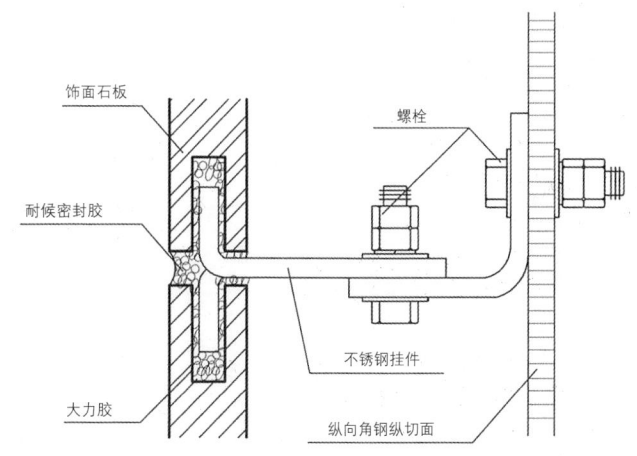

图3-16 石材钩挂法构造示意图

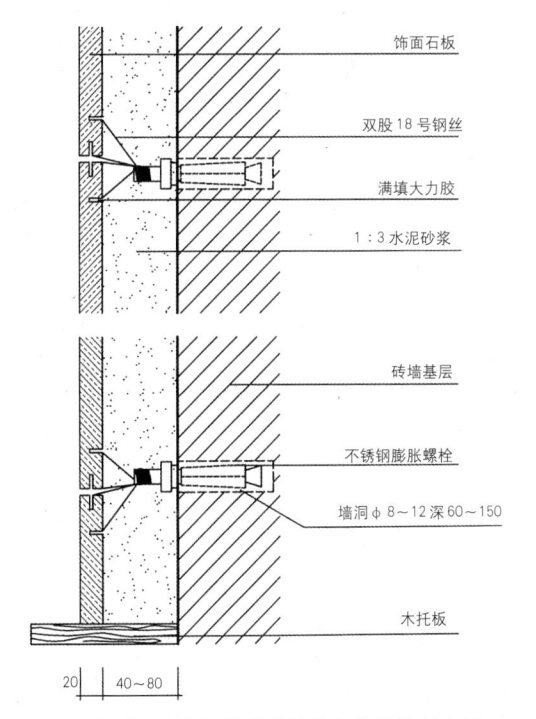

图3-17 石材绑扎法的安装构造示意图

图3-18 钢架锚固法

整体的钢架网格结构。最后根据石材开槽位置在钢架网格上钻螺栓锚定孔，孔直径10～14mm。

⑤ 饰面石材开槽：在饰面石材顶部和底部两端，居板厚中心锚定处开槽，槽的大小、深度可根据不锈钢或铝合金挂件规格而定(图3-18)。

⑥ 安装饰面石材：将不锈钢或铝合金挂件上半部分L形挂件，用不锈钢螺栓锚固在钢架上，将下部分平板挂件插入石材相应的槽内(图3-19)，槽内涂大力胶，然后把两部分连接在一起，利用不锈钢挂件上的调整孔，对石材各边的垂直度、平整度等进行调整，同时拧紧所有螺栓并上少许胶(图3-18)。

⑦ 嵌缝：全部饰面石材安装完毕后，将表面清理干净，把泡沫塑料圆条嵌入两块饰面板之间的缝隙，外面再用耐候硅酮胶进行密封(图3-20)。

直接锚固法：是指将饰面石材通过金属挂件直接安装在墙面的膨胀螺栓上，此方法省去了钢架，比较简单经济，但要求建筑物墙体强度高(图3-21)。安装方法与钢架锚固法大同小异，关键在于不锈钢挂件与墙面膨胀螺栓的位置必须对齐，安装高度不大于5m。

(3) 胶粘构造法

近年来，在天然和人造饰面石材及各类瓷砖的施工中，常常采用胶粘贴构造。这种新工艺操作简单、周期短、经济、安全可靠。它取代了复杂的金属挂件，从而大大提高了施工质量和施工速度。

胶粘贴施工法主要有直接粘贴法、过渡粘贴法、钢架粘贴法三种构造形式。不管采用何种构造方式，安装前都必须对墙面基层进行处理，确保粘贴石材的墙面必须平整、无松动、空鼓、油污等瑕疵。并根据设计要求和石材规格以及施工现场具体情况，弹安装位置线，定位线必须横平竖直。

① 直接粘贴构造法：将饰面石材用大力胶直接粘贴在建筑物墙体表面上，安装高度小于9m。将调制好的大力胶分五点：中心和四角各一点，其中间点用快干胶，抹堆在石材背面，抹堆高度应稍大于粘贴的空间距离。饰面石材定位后应对粘合情况作检查，如有虚漏粘，需加胶补粘(图3-22)。

按定位装置线，自下而上粘贴，边安装边用水平尺校平、调直，同时用橡胶锤轻击涂胶处，使胶粘剂与墙面完全粘合。

② 过渡粘贴构造法：又称间接粘贴法，当所粘贴饰面石材与墙体之间的净空距离小于10mm而大于5mm时，应采用垫层过渡的方式来填补此空隙的一种构造工艺，它常和直接粘贴法交叉施工，安装高度小于9m。施工时可先根据墙体表面的平整度及饰面石材排列的位置来确定过渡垫层物的大小、厚度。垫层物常用相应石材、瓷砖或硬质材料，表面不宜过于光滑(图3-23)。

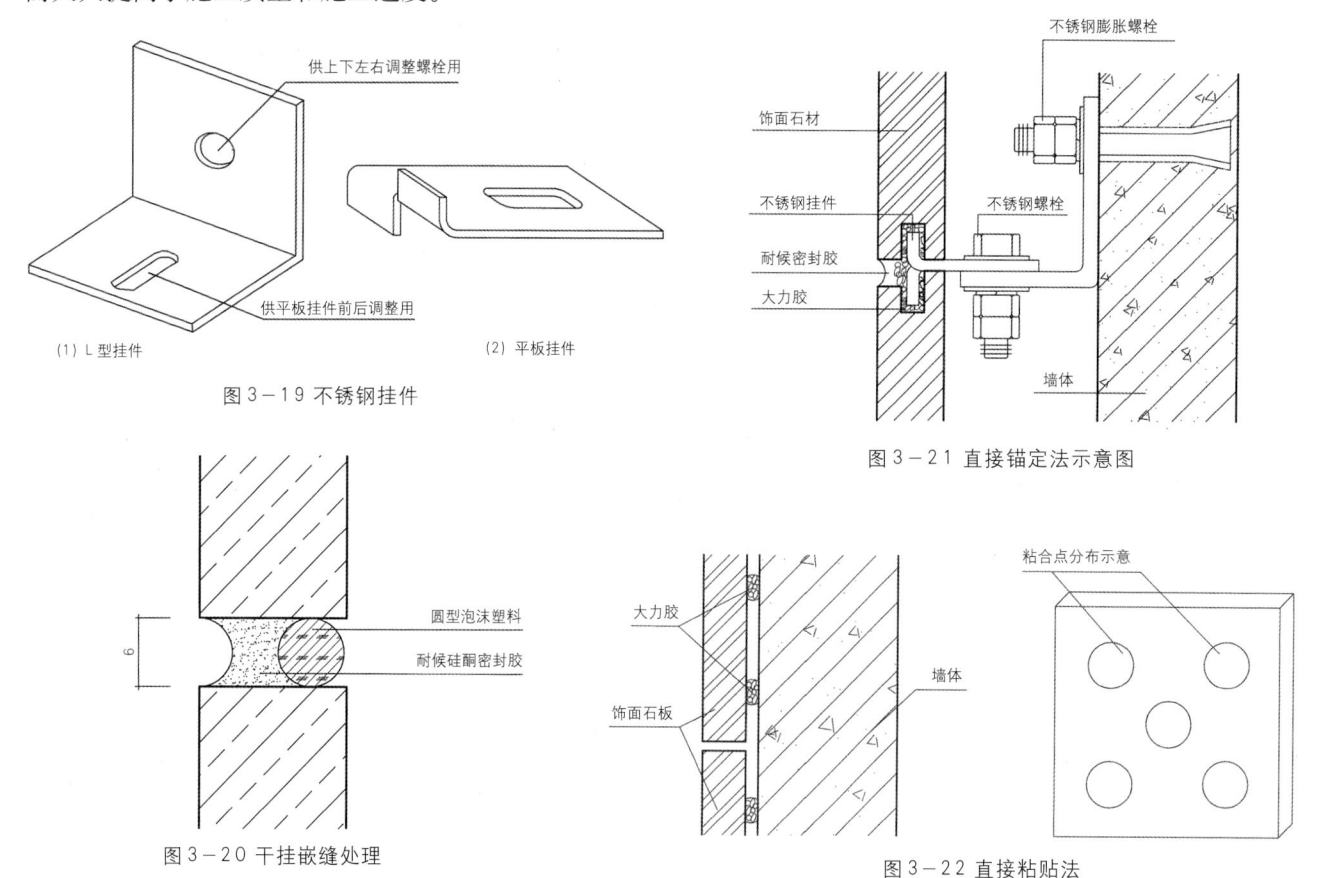

(1) L型挂件　　(2) 平板挂件

图3-19 不锈钢挂件

图3-20 干挂嵌缝处理

图3-21 直接锚定法示意图

图3-22 直接粘贴法

将确定好的过渡垫层物分别粘贴于饰面石材背面的四角及中心处,然后再在过渡垫层物上抹堆大力胶。随后将饰面石材按所弹水平线由下往上粘贴,并用水平尺校平、调正。同时用橡胶锤轻击粘结点,使其牢固。粘结时,如发现饰面石材与墙面空隙较大时,可调整过渡垫层物。

③ 钢架粘贴构造法:当墙体垂直偏差较大,饰面石材与墙体的净空距离为40~50mm或墙体为轻质填充物时,可借助金属钢架作建筑物承重墙体,以减轻墙体荷载(图3-24)。

钢架安装应按饰面石材和施工现场的尺寸模数。用纵、横向钢架网格做骨架,网格分格距离应控制在400~500mm。钢架网格应用不锈钢、镀锌钢或铝合金制作。钢架与饰面石材之间胶的粘贴厚度应控制在4~5mm,粘结点宜五点分布于石材背面,中心和四角各一点,其中心点用快干胶定位。按水平线依次粘贴并用水平尺校平、调正定位。同时用橡胶锤轻击粘结点,使其牢固。定位后,应立即检查粘合情况,保证粘合点准确无误。

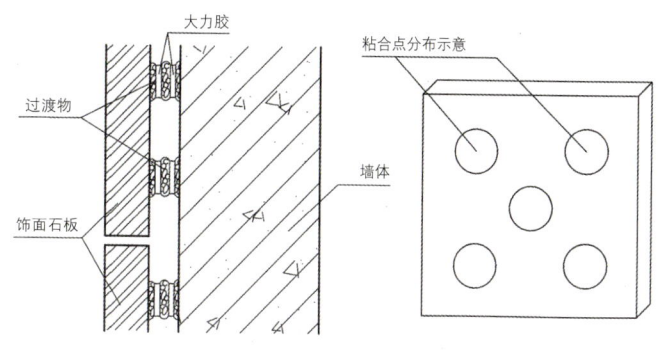

图3-23 过渡粘贴法

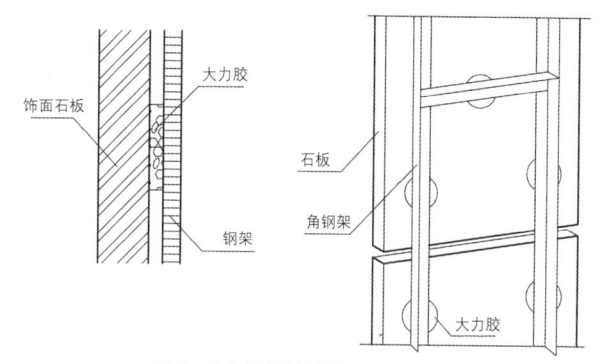

图3-24 钢架粘贴法

六、胶粘类墙面

胶粘类墙面是指将天然木板或各种人造类薄板用胶粘贴在墙面上的一种构造方法。现代室内装修中,饰面板贴墙装饰已不是传统意义上一种简单的护墙处理,传统材料与技术已不能完整体现现代建筑装饰风格、手法和效果。随着新材料的不断涌现,构造技术的不断创新,其适应面更广、可塑性更强、耐久性更好、装饰性更佳、安装简便,弥补了过去单一的用木板装饰墙面的诸多不足。通过新材料、新工艺的广泛应用,不仅提高了装配速度,且节约材料和工艺成本,为现代室内装饰装修提供了多样化的选择。

(一) 胶粘类墙面的功能与类型

饰面板贴墙装饰主要有装饰性和功能性两方面的作用。

1. 装饰性

室内装饰墙、柱所用饰面板的品质、规格、质感、色彩、纹理多种多样,有以天然木材为原料制成的各种木质饰面板,有以金属为原料制成的各类金属饰面板,有以塑料为原料制成的防火板等等,总之不同材料的饰面板可以营造出各自不同的装饰氛围。

2. 功能性

饰面板贴墙装饰已从传统单一功能——保护墙面,逐渐发展到具有保温、隔热、隔音、吸声、阻燃等作用。这些材料因性能、特征不尽相同,其使用的环境、要求、效果也各不相同。设计时,可根据不同的场所、要求选择各自所需的饰面材料,进而达到理想的装饰效果。

饰面板种类繁多,按材质不同可分为木质类、金属类、塑料类、玻璃类等。

(二) 木板贴墙装饰

木质板材包括基层板和饰面板两大类,它们由天然木材加工而成。主要有胶合板、细木工板、纤维板、薄木皮装饰板、浮雕装饰板、模压板、印刷木纹板等。其中胶合板、细木工板、纤维板等一般作墙面基层使用;而薄木皮板、浮雕板、模压板、印刷木纹板等用于饰面装饰(图3-25)。

图3-25 木质饰面板和其他材料搭配使空间界面具有装饰性和时代感

1. 薄木皮饰面板

薄木皮饰面板系以珍贵木材通过旋切法或刨切法将原木切成0.2~0.9mm的薄片,经干燥、涂胶粘贴在胶合板表面。常用的木材有柚木、榉木、水曲柳、花梨木、影木等等。

薄木皮饰面板花色丰富,木纹美丽,幅面大,不易翘曲,常用于高级建筑内部的天棚、墙面、门、窗,以及各种家具的饰面装饰。常用规格为1220mm×2400mm,厚度为3~6mm。

2. 浮雕装饰板

浮雕装饰板是通过雕刻机在高密度木板表面雕刻出各式各样起伏不平的纹理、图形,其表面经贴金箔、银箔、铜箔、喷漆或浸漆树脂处理制成。它凹凸幅度大,浮雕效果明显,具有独特的风格和较高的艺术价值。浮雕艺术装饰板广泛用于公共建筑空间和住宅空间的装饰。其规格为1220mm×2440mm,厚15~100mm(图3-26)。

图3-26 照明使凹凸的浮雕板更加彰显出艺术韵味

3. 模压板

模压板是用木材与合成树脂,经高温高压打磨而成。该板表面不仅可制成平滑光洁,也可压制出各种纹理不同的肌理效果。该板经久耐用、色泽柔和,质感好,不变形,施工方便,表面不用再涂刷油漆。常作护墙板、门板、家具饰板造型面、展示台的装饰。

(三) 木板贴墙构造

木质饰面板用于室内墙面装饰装修,可独立应用,也可以和其他材料搭配使用。其结构主要由龙骨、基层、面层三部分组成(图3-27)。

木质饰面板贴墙构造要点:

1. 墙面基层处理:施工前应在墙体表面做防潮层处理。

2. 弹线定位:通常按木龙骨的分档尺寸,在墙体表面弹出分格线,并在分格线上钻孔,孔径为8~20mm,孔深60~150mm,并填入木楔,为安装木骨架作准备(图3-28)。

3. 拼装木网格:用40mm×40mm或40mm×60mm的凹槽木条,按基层板尺寸模数,拼装成木龙骨网格框架。

4. 刷防火漆:室内装修所用木质材料均需进行防火处理。在制作好的木骨架与基层板背面,涂(刷)三遍防火漆,防火漆应把木质表面完全覆盖。

5. 安装木龙骨网格:把拼装好的木龙骨网格,按墙面上的定位分格线,依次靠墙安装固定。安装时用垂线和水平线检查木龙骨网格的垂直度和水平度。如木龙骨网格与墙面不能完全贴实而产生空隙,可在空隙处加木垫来调整垂直度和水平度。

6. 基层板安装:基层板常采用胶合板或细木工板,在安装好的木龙骨网格表面和基层板背面均匀地涂刷乳白胶,再用门型钉或小铁钉将其固定在木龙骨架上。

7. 饰面板安装:安装前饰面板按设计要求进行裁剪,并用胶粘法进行安装。将万能胶均匀地涂刮在基层板和饰面板上,然后按饰面板纹理将其粘贴于基层板表面,同时用力压实压牢。

图3-27 木板贴墙装饰

图3-28 木墙裙构造做法

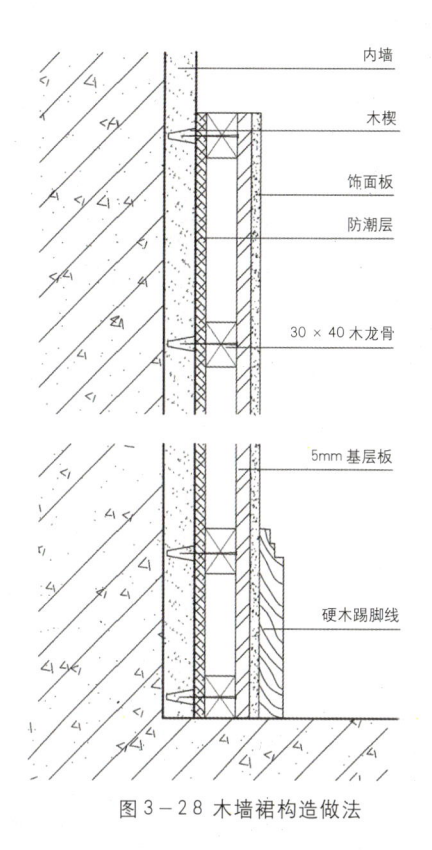

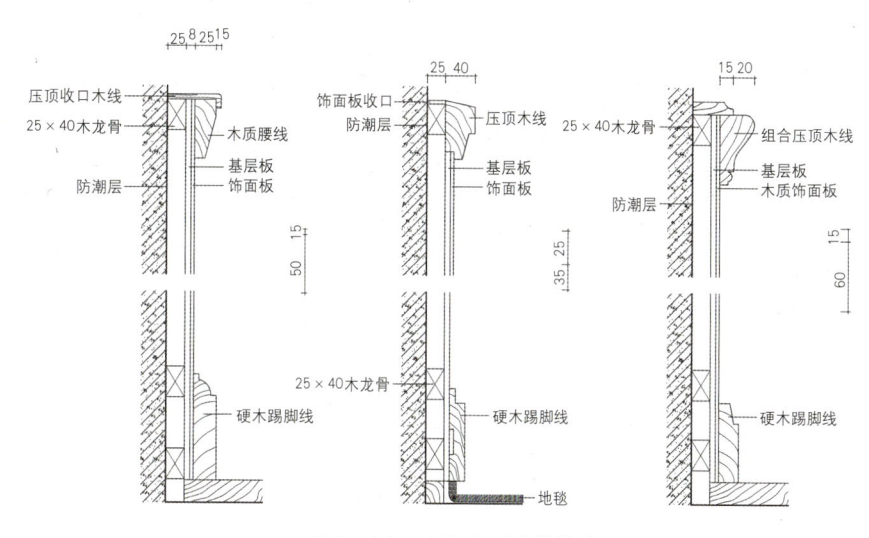

图3-29 木墙裙与踢脚线构造

8. 安装封口线、踢脚线：饰面板粘贴完成后，通常用装饰线在墙裙上口和下端进行封边收口。收口线和踢脚线材质有木质、金属、石材等（图3-29）。

9. 涂刷面漆：饰面板安装到位后，可在表面进行清漆饰面。

另外，在基层板表面可进行各种饰面处理，如油漆饰面、喷涂饰面、金属饰面、贴墙纸饰面、防火板饰面、人造革饰面等等。

（四）金属饰面板贴墙装饰

金属饰面板又称金属墙板，在当今中外建筑装饰工程中被广泛采用。这是由于金属饰面板华丽高雅，色彩丰富，光泽持久，具有极佳的装饰效果。同时金属饰面板具有性能稳定、强度高、可塑性好、易于成形、经久耐用、施工简便等优点。常用于室内外墙面、柱面、门厅、天棚等处的装饰（图3-30）。

现代装饰装修工程常用金属饰面板有不锈钢饰面板、铝合金饰面板、铝塑复合板、烤漆钢板、铜饰面板等。

1. 不锈钢饰面板

不锈钢饰面板因其独特的耐腐蚀性、耐候性、耐久性，以及表面光滑亮泽的金属质感，而符合现代人的审美情趣，是建筑装饰装修中理想而常用的材料。

（1）不锈钢饰面板的性能特点

不锈钢是指以铬元素为主并加入其他元素制成的具有良好的不生锈腐蚀特征的合金钢。铬含量越高不锈钢的抗腐蚀性越好。除铬外，不锈钢还含有镍、锰、钛、硅等元素，这些元素都能影响不锈钢的强度、塑性、韧性和耐蚀性。

不锈钢按合金元素可分为高铬不锈钢、铬镍不锈钢和镍铬钛不锈钢。

（2）不锈钢饰面板的类型规格

不锈钢饰面板表面经抛光打磨可形成不同的光泽度和反射能力，因而不锈钢饰面板种类繁多。在室内装饰装修中常用的不锈钢饰面板有镜面板、亚光板、浮雕板、彩色板四种类型。它们具有耐腐蚀、耐火、耐潮、不会变形、不易破碎、安装方便等特点。但要注意，应防止尖硬物划伤表面。

不锈钢饰面板的常见规格为长1000～2400mm，宽500～1220mm，厚0.35～2mm。

图3-30 金属材质构成具有现代特征的空间界面

2. 不锈钢饰面板贴墙构造

不锈钢饰面板用于室内装修,虽然使用部位不同,但构造方法都基本相似。重点应注意基层的做法和饰面层的安装工艺,基层构造方法有木龙骨构造法、钢架龙骨构造法、混合龙骨构造法三种类型。不锈钢饰面板的收口工艺应根据饰面板的固定方式而定。常采用的固定方式有直接粘贴式和开槽嵌入式两种类型。不锈钢饰面板不宜用铁钉、螺钉、螺栓固定(除设计另有要求或外墙使用较大型、厚型不锈钢板例外),它会破坏、影响不锈钢饰面板的装饰效果。

(1) 木龙骨构造法:常用于小尺度室内空间墙面、柱面的装饰装修或小块薄型不锈钢饰面板以及防火等级要求不高的室内装饰装修部位。

木龙骨构造要点:

① 墙面基层处理:弹线定位、拼装木龙骨、刷防火漆、安装木龙骨网格、基层板安装等与木质饰面板贴墙构造法同理。

② 不锈钢饰面板安装

直接粘贴固定法:安装前按设计要求和施工现场的具体尺寸,在基层板上进行排板、弹线、定位,根据排板尺寸在工厂对饰面板进行裁剪加工。用砂纸打磨饰面板背面,增加其粘贴系数。把万能胶均匀涂刮在基层板上和饰面板背面,待胶不粘手时,即可将不锈钢饰面板依次粘贴于基层板上,用力压实、压平并用橡皮锤轻击,使其牢固密实。饰面板之间应留缝隙,缝隙尺寸可根据设计要求而定,通常不小于3mm。缝隙用玻璃胶勾缝,可增加牢固度及装饰美感(图3-31)。

开槽嵌入固定法:安装前按设计要求和施工现场的具体尺寸,在基层板上进行排板、弹线、定位,并用木工修边机在基层板上开⊔形槽,槽宽5~8mm,槽深7~10mm,然后根据排板尺寸和⊔形槽的深度在工厂进行裁剪、折边。用胶枪把玻璃胶或耐候胶均匀地打在加工好的饰面板背面,然后将饰面板按序嵌入基层板上的⊔形槽内用力压实压平,并用胶带将其固定,待饰面板完全粘贴牢固后即可撕去。开槽嵌入固定法在不锈钢饰面板安装完成后,板与板之间会自然产生2~3mm的细小缝隙。若要加大缝隙,可在基层板开槽时,曾加其宽度,缝隙之间用玻璃胶或耐候胶嵌填(图3-32)。

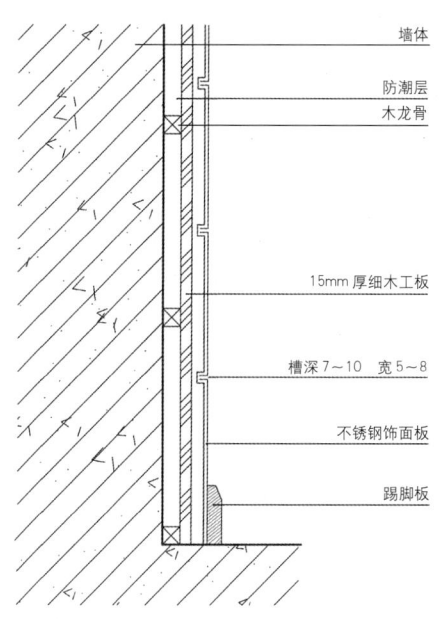

图3-32 不锈钢开槽嵌入法构造

(2) 钢架龙骨构造法:适用于外墙和大尺度建筑空间墙面、柱面装饰,或者较大型、厚型不锈钢饰面板以及防火等级要求特别高的室内装饰。

钢架龙骨构造施工要点:

① 墙面基层处理:清理墙体基层,使之平整适合钢架安装。

② 弹线、定位:根据设计要求和现场具体情况,确定钢架支撑锚固点的位置,锚固点应选择墙面现浇部位作为承重点,同时弹安装定位线于墙面。

③ 制作钢龙骨框架:用角钢制作横竖相连的钢龙骨框架,并在角钢龙骨框架表面开孔,以备安装基层板。钢框架尺寸根据是否采用基层板来确定。采用基

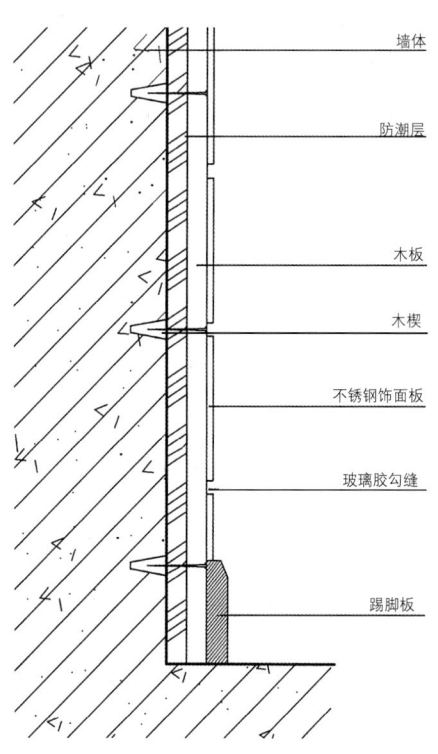

图3-31 不锈钢直接粘贴构造

层板角钢框架尺寸常为 300mm×300mm、600mm×600mm、1200mm×1200mm。如果不使用基层板，钢框架尺寸应根据设计尺寸和现场具体要求而定（图3-33）。

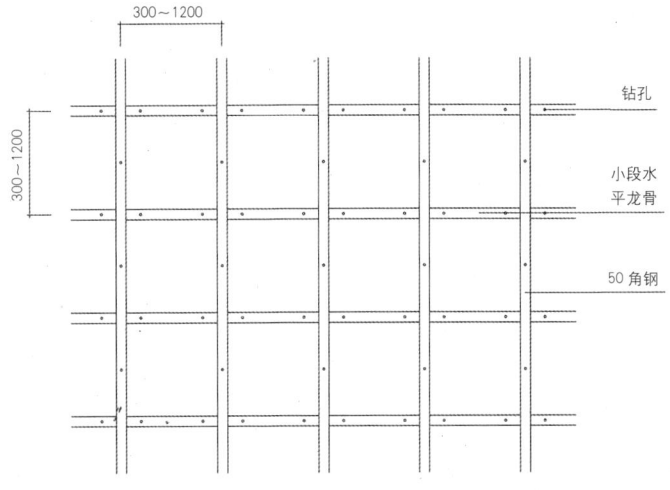

图3-33 钢架龙骨安装示意图

④ 安装支撑连接件：为保证钢龙骨框架的稳固、平整，通常在墙体上根据定位线安装支撑固定件。支撑固定件可用角钢或圆钢制作。把制作好的支撑固定件用膨胀螺栓与墙体连接。

⑤ 安装钢龙骨框架：将钢龙骨框架按图就位，并用焊接方式与支撑连接件锚固。焊接时用垂线法和水平直线法检查钢框架的垂直度和平整度。如果安装面积较大时，可把钢龙骨框架分片连接安装。

⑥ 基层板安装：将基层板用高强度自攻螺钉与钢龙骨框架锚牢，基层板常用木工板、胶合板、石膏板等。如采用开槽嵌入法，可在基层板表面排板、弹线、定位及开槽处理。

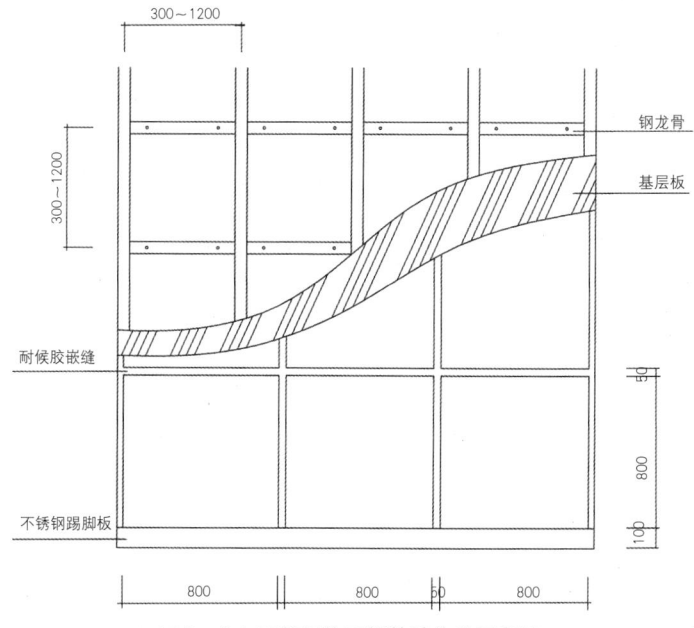

图3-34 不锈钢饰面板粘贴构造示意图

⑦ 粘贴不锈钢饰面板：将调好的万能胶或玻璃胶涂刮于不锈钢饰面板背面，自下往上粘贴，并压实压平，同时用橡皮锤轻击使其粘贴牢固（图3-34）。

⑧ 缝隙处理：用胶枪在不锈钢板缝之间打入硅酮耐候密封胶。

⑨ 清理板面：经过24小时养护后，揭掉不锈钢饰面板保护膜。

3. 铝合金墙板

铝是一种金属元素，强度很低。为了提高其实用价值，常在铝中加入适量的铜、镁、锰、硅、锌等元素组成铝合金。随着冶炼及后加工技术的提高，铝被制成各种形式的铝合金型材，被广泛应用于室内外墙面、柱面及天棚的装饰装修。常见铝合金制品有铝合金饰面板、铝合金门窗、铝合金吊顶龙骨等。室内墙面、柱面的装饰常用铝合金装饰墙板。

(1) 铝合金墙板的特点及类型

铝合金墙板又叫铝合金饰面板，是选用高纯度铝材或铝合金为原料，经辊压冷加工而形成的饰面材料。它的厚度、刚性、耐候性、强度、柔性等技术指标都要大大优于天棚装饰用铝合金饰面板。

铝合金墙板品种较多，有内墙板和外墙板之分。经处理后的铝合金饰面板可形成各式花纹和颜色的平板、浮雕板、镂空板等。具有质轻、强度高、刚性好、抗侵蚀、防火防潮、不变形、易加工、色彩丰富美观等特点。外墙板在表面涂层的处理上，应用更为先进的氟碳树脂涂层技术，使用这种技术的铝合金墙板，除了具备铝合金饰面板的一般性能和特点外，最大的优点是具有超耐候性、耐化学性、耐污染性，即使长期暴露于大气之中，也可连续使用几十年而不褪色，它是当今新型的墙面装饰材料。

铝合金内墙板的规格以1220mm×2440mm最为常见，厚度为0.4~1mm；外墙板尺寸可根据设计要求在工厂进行加工，厚度一般为1~3mm。

4. 铝合金墙板的基本构造

铝合金墙板用于墙面装饰，必须和龙骨配合使用，龙骨常用铝合金或不锈钢制作。

(1) 墙面基层处理，弹线、定位，制作钢龙骨框架，安装支撑连接件，安装钢龙骨框架等和不锈钢饰面板贴墙构造方法相同。

(2) 安装铝合金墙板：将铝合金墙板用万能胶、铆钉或高强度不锈钢自攻螺钉固定于钢龙骨框架上。安装时须随时用水平直线法调整铝合金饰面板的水平度，用垂线法调整铝合金墙板的垂直度。

(3) 板缝处理：在铝合金墙板之间的缝隙内嵌入

圆型泡沫条,并在表面用硅酮耐候胶密封,以防止热胀而挤压板面。

(4) 清理板面:进行1～2天养护后清理板面,再撕去表面保护膜。

5．铝塑复合板

铝塑复合板为现代高科技成果的装饰材料,采用高纯度铝合金板为表层和底层,芯板为聚乙烯(LDPE或PE)树脂,经特殊添加剂热复合而成,有内墙板和外墙板之分。铝塑复合板虽薄,但综合性能优良而被广泛运用建筑物的内外墙、门楣、室内天棚等部位的装饰装修。由于该板上、下两层为铝材,所以耐燃,是一种符合现代建筑防火规范的装饰材料。

铝塑复合板面层分色板、花板、镜面板,其颜色和花纹各式各样、丰富多彩。铝塑复合板具有强度高、耐冲击、抗风压、耐腐蚀、耐风化、耐紫外光照射等特点,其耐候性可达20年不变色,有极强的适应性,因其芯板为聚乙烯材质,故重量轻,同时具有良好的隔音、隔热性能。可根据要求任意切割、裁剪、弯曲成各种形状和造型。是室内装饰中贴墙、包柱、贴顶的理想用材之一。铝塑复合板规格为1220mm×2440mm,外墙板厚度为4mm,内墙板厚度为3mm。

6．铝塑复合板的基本构造

由于铝塑复合板是铝板和塑料的复合体,而上下层铝合金板厚度仅为0.2～0.5mm,因此它薄而柔,易弯曲。在用于建筑内外墙、柱、顶的装饰时,无论采用何种构造技术,一般不允许将铝塑复合板不通过骨架或基层而直接粘贴于墙体表面。铝塑复合板构造方法分无龙骨粘贴法、木龙骨粘贴法、轻钢龙骨粘贴法、钢架龙骨粘贴法四种。铝塑复合板的安装不仅有龙骨的要求,还应注意开槽、拼缝的方法和工艺,在施工中常将铝塑复合板弯曲成所需形状:如直角、锐角、钝角和圆弧等(图3-35)。这些形状(除特殊圆弧)的加工不需在工厂进行,施工现场即可完成。固定方法有铆钉固定、螺钉固定、装饰压条固定、胶粘固定等,现代装修工程常采用开缝胶粘构造法。粘贴时板与板之间应留3～8mm缝隙,同时,缝的大小也可根据设计要求进行调整。

(1) 无龙骨粘贴法:此方法施工简便,不需任何形式的龙骨架,用胶合板或细木工板安装在墙面上做基层。然后根据设计要求在基层板上弹出安装分格线,同时对铝塑复合板进行裁剪,在其背面和基层表面分别涂刮万能胶,按分格尺寸粘贴于基层上,并用力拍打加压,缝隙用玻璃胶嵌缝。

(2) 木龙骨粘贴法:木龙骨构造法是先在墙面铺装木龙骨框架,再在其表面铺钉基层板,然后粘贴铝塑板并勾缝。

(3) 轻钢龙骨粘贴法:用隔墙轻钢龙骨为竖龙骨铺钉于墙面上,间距为400～600mm,再将小段隔墙轻钢龙骨横铺钉于竖龙骨之间,并在其上面铺钉纸面石膏板或木夹板,同时粘贴铝塑复合板并勾缝。

(4) 钢架龙骨粘贴法:主要适用建筑外墙装修工程及室内大尺度墙面的装饰装修,钢架可用不锈钢或镀锌角钢制作。内墙装饰常在钢架上铺装基层板,外墙可将铝塑复合板直接粘贴在钢架上。

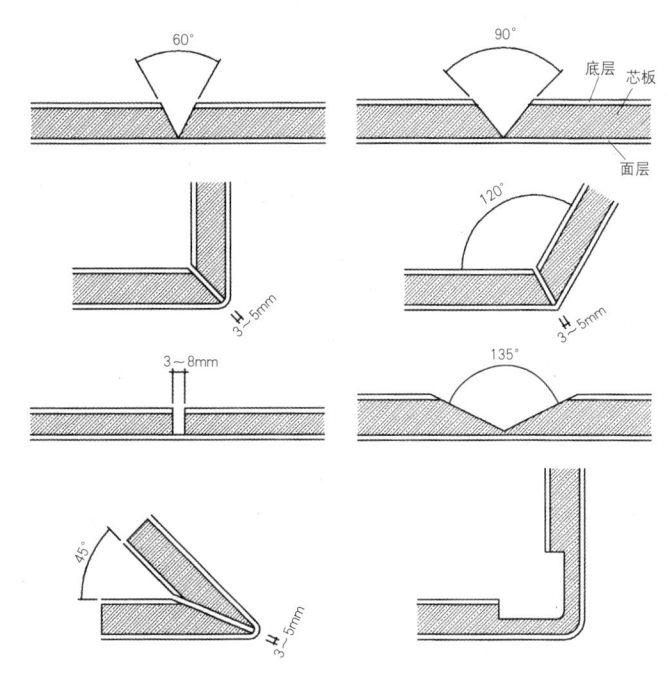

图3-35 铝塑复合板开槽、折角示意图

(五) 玻璃贴面装饰

玻璃是一种重要的建筑装饰材料。随着建筑装饰要求的不断提高和玻璃生产技术的不断发展,新品种层出不穷,建筑玻璃由过去单纯的透光、透视,向着控制光线、控制噪声、调节热量、节约能源、安全防爆、改善环境等方向发展。同时利用染色、印刷、雕刻、磨光、热熔等工艺可获得各种具有装饰效果的艺术玻璃,为建筑玻璃赋予了新的生命。经过特殊处理后的玻璃几乎可用于现代建筑装饰装修的各个部位(图3-36)。

1．玻璃的性质与特点

玻璃的主要原料为石英砂、纯碱、长石及石灰石等,在1550℃～1600℃的高温下熔融后经压制或拉制冷凝成型。如在玻璃中加入某些金属氧化物、化合物或采用特殊工艺,可制成各种不同特殊性能的玻璃。

玻璃几乎无孔隙,属致密材料,但普通玻璃容易破碎,是典型的脆性材料。玻璃的热稳定性差,当温度急变时,就会造成碎裂。但具有较高的化学稳定性,对酸、碱、盐等有较强的耐腐蚀能力,能抵抗除氢氟酸以外的各种酸类的侵蚀,但会被碱液或金属碳盐腐蚀。硅酸盐类玻璃长期遭受水汽的作用,能导致玻璃变质和破坏,出现水解现象即玻璃的风化。

2. 玻璃的类型与作用

玻璃根据其性能和用途可分为普通平板玻璃、安全玻璃、艺术玻璃、节能玻璃和特种玻璃。

图3-36 玻璃墙面通透而富有韵律

图3-37 华丽的艺术玻璃增添了室内艺术气息

(1) 普通平板玻璃:是未经其他工艺处理的平板状玻璃制品,通常用引上法、平拉法和浮法等生产工艺制成。具有透光、隔音、耐酸碱、耐雨淋等特征,但质脆,怕敲击,怕强震等。常用厚度为3~6mm,加厚型有8~19mm,长宽规格较多。它广泛用于建筑门、窗及室内各种隔断、橱窗、柜台、货架、家具等部位。

(2) 艺术玻璃:是在普通平板玻璃的基础上通过染色、磨砂、刻花、压花、热熔等特殊工艺加工而成的一种具有现代艺术风格的装饰玻璃(图3-37)。

(3) 安全玻璃:指与普通玻璃相比,具有极高力学强度的抗冲击能力,主要品种有钢化玻璃、夹层玻璃,安全玻璃被击碎时,其碎块不会伤人。在现代装饰装修中安全玻璃越来越受到人们的重视。

安全玻璃主要用于公共场所的隔墙、隔断、护栏、幕墙、橱窗、天窗等(图3-38)。

(4) 节能玻璃:节能玻璃除具有普通平板玻璃的性能外,还具有特殊的对光和热的吸收、透射和反射能力,以利冬季保温,又能阻隔太阳热量以减少夏天空调能耗。它是集节能性和装饰性于一身的玻璃。现已广泛用于建筑外墙窗和幕墙。常用的节能玻璃有吸热玻璃、热反射玻璃、中空玻璃等。

(5) 空心玻璃砖:是由两块凹型玻璃,经熔接或胶结而成的玻璃砖块。其腔内可以是空气,也可以填入绝热、隔音材料,可提高绝热保温及隔音性能。常用于装饰性外墙、花窗、发光地面以及室内隔墙、隔断、柱面的装饰(图3-39)。

图3-38 安全玻璃与金属、照明组成富有动感的空间形态

图3-39 玻璃砖随光线的变化而富有动感和层次

3．玻璃装饰的基本构造

作为现代建筑装饰的重要材料，玻璃在室内装饰装修中应用非常普遍。玻璃加工制品种类繁多，构造方法多样，施工技术日趋完善，操作程序少，施工中常与木质、金属、水泥体结合使用，在室内装修工程时主要用于隔墙、隔断、屏风，以及少量的天花、地面装饰。其构造形式可根据设计要求和不同的使用功能而定，通常采用普通平板玻璃或以平板玻璃加工而成的各类艺术玻璃，特殊单位或部位可用安全玻璃或节能玻璃。

（1）玻璃与木基层的构造

玻璃的安装常用木基作固定支撑，通常做法是在墙面或地面、天棚弹出隔墙（断）位置线，用木材作边框，并固定于位置线上。木框的四周或上、下部位应根据玻璃的厚度开槽，槽宽应大于玻璃厚度3～5mm，槽深8～20mm，作玻璃膨胀伸缩之用。随后即可把玻璃放入木框槽内，其两侧木框缝隙应相等，并注入玻璃胶，钉上固定压条，待胶凝固后，即可把固定压条去掉。

另外木框四周或上、下部位也可不用开槽，直接把玻璃放入木框内，用木压条或金属条固定(图3-40)。

（2）玻璃与金属框架的构造

金属结构玻璃隔墙（隔断），一般采用铝合金、不锈钢、镀锌钢材（槽钢、角钢）制作框架安装不同规格和厚度的玻璃。

玻璃与金属框架装配时，所用金属型材的大小、强度，应根据隔墙（隔断）的高度、宽度以及玻璃的厚度计算出金属框架的荷载强度。金属框架尺寸应大于玻璃尺寸3～5mm，安装时应在金属框的底边放置一层橡胶垫或薄木片，然后把玻璃放在橡胶垫或薄木片上，用金属压条或木压条固定，其缝隙用玻璃胶灌注固定。

（3）空心玻璃砖砌墙的构造

空心玻璃砖用于室内装修的基本构造，可分为砌筑法和胶筑法两种。前者构造做法比较陈旧，施工繁琐。后者构造方法比较先进，施工简便。

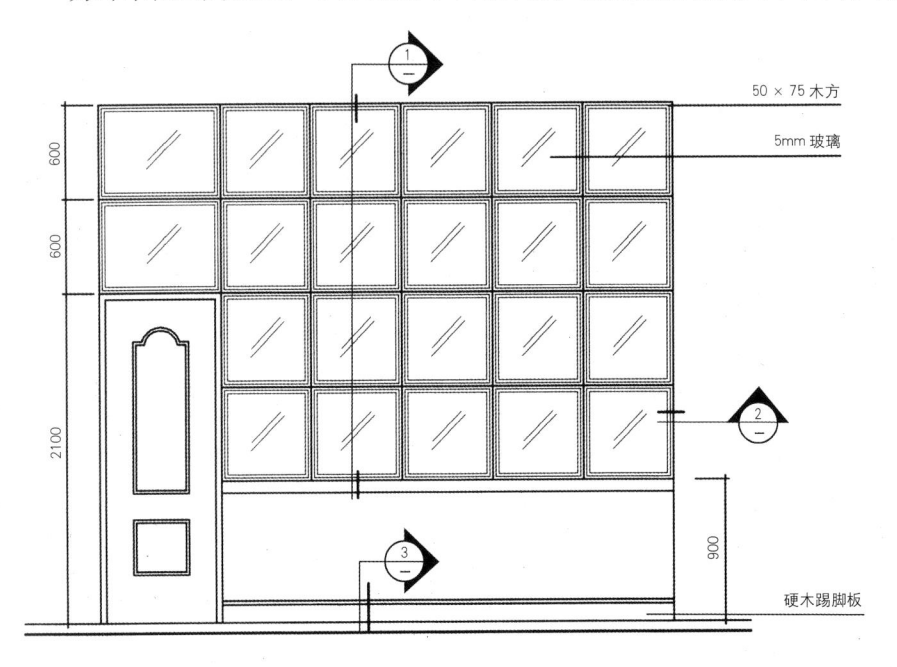

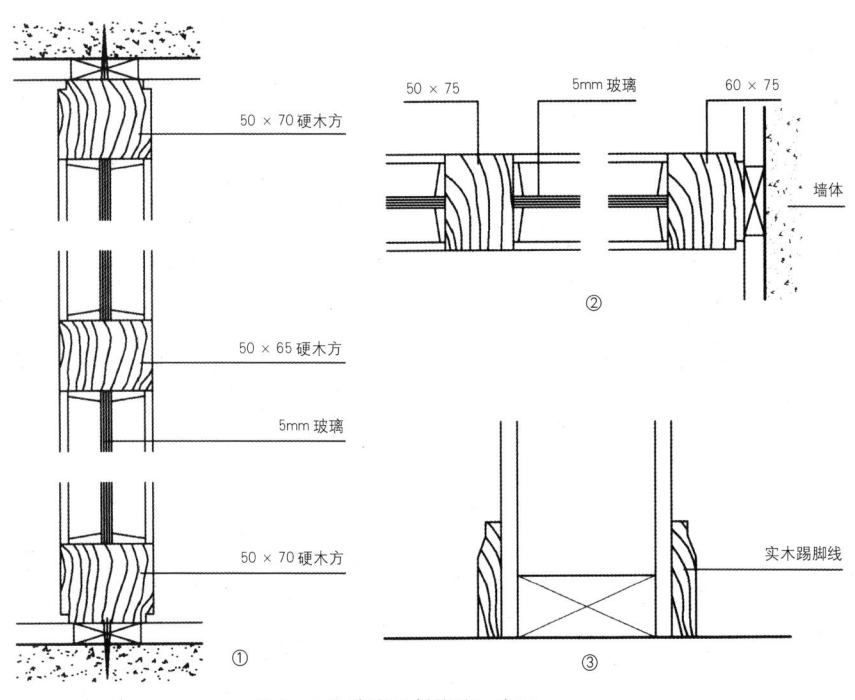

图3-40 玻璃隔断构造示意图

施工前应根据设计要求，计算出空心玻璃砖的数量和排列次序，并在地面弹线，做基础底脚，空心玻璃砖对缝砌筑的缝隙间距一般为5～10mm。

玻璃砖砌筑施工法：用1:1的白水泥和细砂加入适量乳胶溶液的混合砂浆砌铺。砌铺时每块空心玻璃砖都应加配十字固定件，十字固定件可用金属、木材或玻璃制作。十字固定件的尺寸应小于空心玻璃砖的四周凹形槽，它作连接与加固之用。砌筑完毕，进行勾缝清洁处理（图3-41～图3-44）。

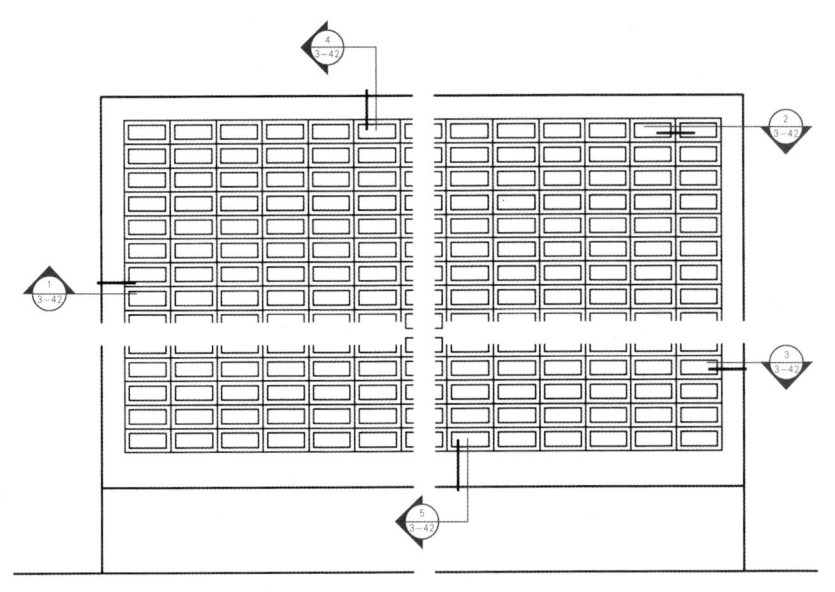

图3-41 空心玻璃砖砌墙装修示意图

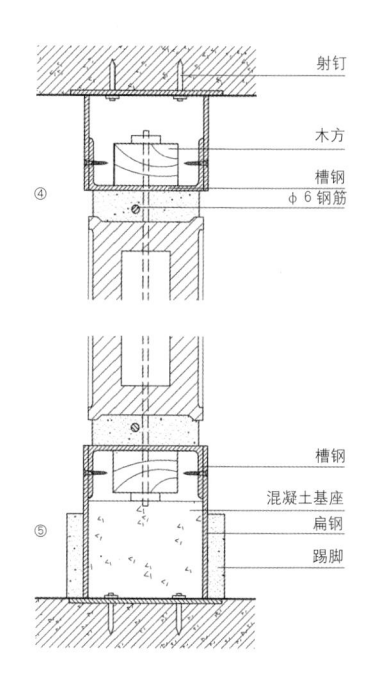

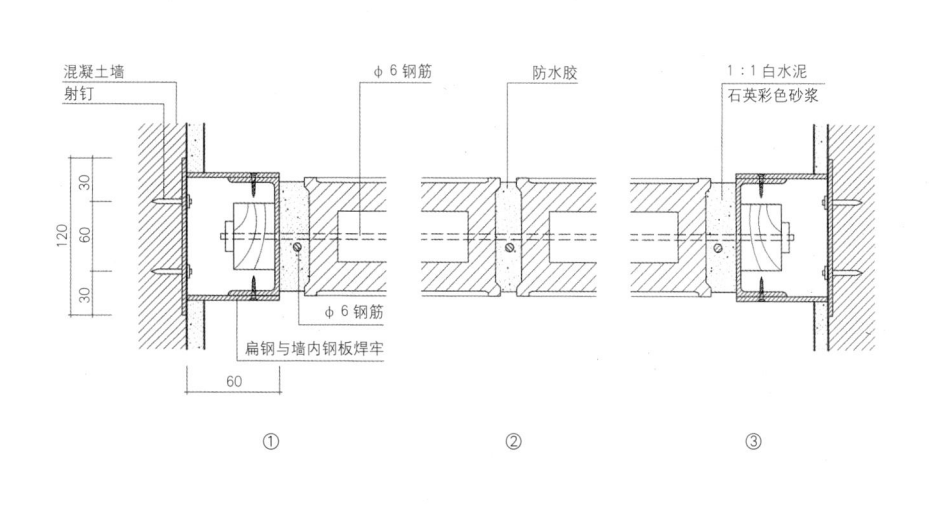

图3-42 空心玻璃砖砌墙基本构造

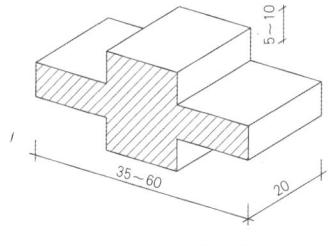

图3-43 十字固定件

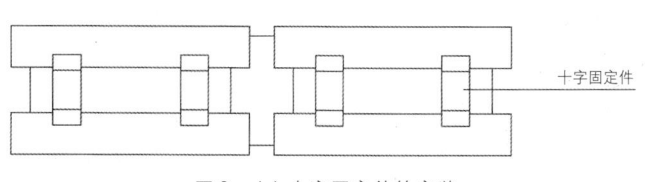

图3-44 十字固定件的安装

玻璃砖胶筑施工法：所用粘结剂由水泥浆改用大力胶，其他构造方法与砌筑法相同。

（六）塑料饰面板贴墙装饰

塑料饰面板是指以树脂为浸渍材料或以树脂为基材，采用一定生产工艺制成带有装饰功能的饰面板材。

1．塑料饰面板的特点与分类

塑料饰面板在现代室内装饰装修中以其质轻、可塑性强、装饰性佳、花色丰富、易于保养，可干法施工，而避免了大量的湿作法，加快了施工进度，适合与其他材料复合等特点而得到愈来愈广泛的应用。同时它还符合现代建筑装饰装修安全要求，即防火、防水、防潮、防蚀、绝缘等。

塑料饰面板按材料的不同可分为三聚氰胺树脂层压板、硬质PVC板、玻璃钢板、塑料金属复合板、塑料木质复合板、聚碳酸酯采光板、聚酯纤维板、有机玻璃装饰板等类型。

（1）三聚氰胺树脂层压板：又叫纸质装饰板、塑料装饰耐火板，是用三聚氰胺树脂、酚醛树脂浸渍专用纸基，多层叠合经热压固化而成的薄型贴面材料。

塑料装饰耐火板为多层结构，即表层、装饰层和底层。表层主要作用是保护装饰层的花纹图案，增加其表面光泽度，提高表面的坚硬性、耐磨性和抗腐蚀性。装饰层主要提供各种花纹图案和防止底层树脂渗透的作用，底层主要是增加板材的刚性和强度。由于采用热固性塑料，所以具有优良的耐热、耐烫、耐燃性。在100℃以上的温度下不软化变形、开裂、起泡。同时具有较强的耐污、耐湿、耐擦洗等性能，对酸、碱、酒精等溶剂都有抗腐蚀能力。

塑料装饰耐火板花色品种繁多，有鲜艳的单色系列和仿各种木纹、石材、织物等系列，该板表面分亮光面和亚光面两类。随着工艺的不断改进，将铜、铝、不锈钢等金属薄皮应用于耐火板的表层，着以各种颜色并压制成各式凹凸不平的板面，使塑料装饰耐火板从表面效果到材质都有一个质的飞越，大大提高了耐燃和耐磨度(图3-45)。

塑料装饰耐火板应用范围非常广泛，不仅可用于墙裙、隔墙、屏风、柱面等表面的装饰，还可用于橱柜、吧台、展示台及各种家具的表面装饰。

塑料装饰板常用规格尺寸为1220mm×2440mm，厚度为0.4~1.5mm。

（2）聚酯纤维板：又叫吸声装饰艺术板，是以聚酯纤维为原料，经热压而成型。是代替玻璃纤维和石棉纤维的新型环保吸声装饰材料。它具有安全舒适，对人体无害，装饰性强，吸声效果极佳等优点。同时具有阻燃、隔热、保温、防潮、施工简便等特点。

吸声装饰艺术板可广泛用于影剧院、歌舞厅、演播厅、会议室、展览馆、图书馆等公共场所。常用规格为1220mm×2440mm，厚度为9mm。

（3）软性装饰贴片：又称软性防火板，是由软木纤维颗粒与合成树脂经高温压合发泡成型的软质材料，表面有透明树脂耐磨层。具有软木的柔软性，其弯折角度几乎可达90°，该贴片耐热好，在200℃左右的温度下表面不会有损伤。软性装饰贴片还有表面硬度较高、耐摩擦、抗污、防潮、吸声、手感舒适、施工简便等特点。

轻性装饰贴片有光面、亚光面，花色品种繁多。其规格为厚0.2~0.8mm，宽1260mm，长度有3000mm、5000mm的卷材。

2．塑料饰面板贴墙构造工艺

塑料饰面板因基材的特殊性，故薄而柔软、易弯曲。在室内施工时不允许直接将其安装于天棚、墙体、柱体的表面，需通过基层板过渡。

（1）塑料装饰耐火板构造：施工要点与木质饰面板结构工艺同理。塑料装饰耐火板的安装只能用万能胶粘贴，不能用铁钉固定。粘贴板面不宜过大，大面积粘贴时板与板之间应留3~8mm的缝隙，缝隙用玻璃密封胶嵌填。施工完成后不需上漆。

（2）聚酯纤维板构造：可粘贴于纸面石膏板、胶合板、细木工板等基层板上，也可以直接粘贴在水泥砂浆墙面。

根据设计要求在墙面弹安装定位线，按定位线进行排板、切割、拼花，并用修边机将板面的左右竖边做45°倒角处理，上下横边做平面处理。在基层板表面刷万能胶或乳白胶，然后按序粘贴。

图3-45 可塑性极强的塑料饰面板可用于多种界面的装饰

图3-46 墙纸的色彩、图案对空间有极强的装饰效果

七、裱糊类墙面

裱糊类饰面是采用粘贴的方法将装饰纤维织物覆盖在室内墙面、柱面、天棚的一种饰面做法，是室内装修工程中常见的装饰手段之一，起着非常重要的装饰作用。此方法改变了过去"一灰、二白、三涂料"单调、死板的传统装饰做法，装饰纤维织物贴面因其色彩、花纹和图案的丰富多样，装饰效果佳而深受人们的喜爱(图3-46)。

（一）裱糊类墙面的种类与特点

墙面装饰用纤维织物是指以纺织物和编织物为面料制成的墙纸、墙布。其原料可以是丝、羊毛、棉、麻、化纤、塑料等，也可以是草、树叶等天然材料。墙纸、墙布种类很多，有纸基、化纤基、木基等。表面工艺有印刷、辊轧、发泡、浮雕等。

按材料的特点来分有以下几种：

1. 塑料墙纸

塑料墙纸以优质木浆或布为基层，聚氯乙烯（PVC）塑料或聚乙烯为涂层，经压延或涂布以及印花、压花或发泡等工艺制成。一般材质的PVC塑料墙纸，由于对人体健康不利，对室内环境有害，故在当今的室内装饰装修中已被逐渐淘汰。取而代之的是一些无公害、无毒、无环境污染的能以生物降解的PVC"环保"墙纸。

塑料墙纸在裱糊类贴墙装饰中应用最为广泛。它分为普及型塑料墙纸、发泡型塑料墙纸、特种型塑料墙纸。

塑料墙纸有一定的抗拉强度、耐湿性、耐裂性和耐伸缩性。表面几乎不吸水，可擦洗、耐磨、耐酸碱、抗尘、防霉、防静电，并有一定的吸声隔热性能。塑料墙纸用途广泛，几乎可适用于所有室内空间的天棚、墙面、梁、柱等部位的装饰。

塑料墙纸的规格品种按生产工艺可分为单色印刷（花）墙纸、多色印刷（花）墙纸、压（轧）花墙纸、发泡墙纸、纸基涂布乳液墙纸等。按基材分有纸基PVC墙纸、化纤基PVC墙纸。常用规格为幅宽530～1400mm，长度为10m、15m、30m、50m等。

2. 织物墙纸

织物墙纸是由丝、毛、棉、麻等天然纤维织成各种花色的粗细纱或织物再与纸基经压合而成。这种墙纸是用各色纺线的编织来达到艺术效果。具有良好的手感和丰富的质感，且无毒、无静电、耐磨、强度高、吸声透气效果好。织物墙纸是近年来国际上流行的新型高级墙面装饰装修材料，适用于高级宾馆、饭店、剧院、会议室等。

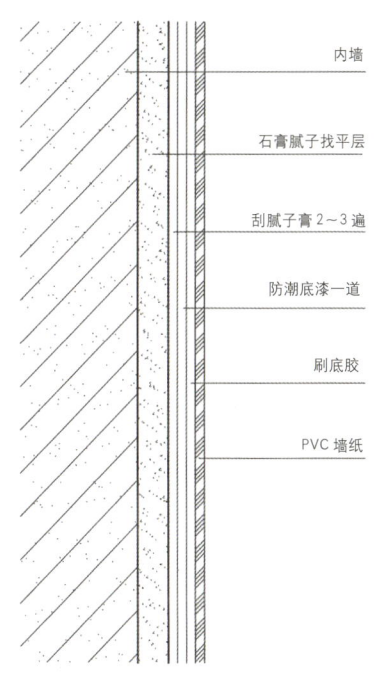

图3-47 墙纸裱糊的基本构造

3. 金属墙纸

金属墙纸是以金属箔为面层、纸（布）为基层，具有不锈钢、金、银、铜等金属的质感与光泽，表面可印花、压花。具有寿命长、不老化、耐擦洗、耐污染等优点。它适用于室内高级装饰及气氛热烈场所的装饰。

（二）裱糊类墙面构造

裱糊类墙面种类虽然很多，材质各不相同但裱糊工艺基本一致。裱糊类墙面对基层要求很高，必须平整、光洁、干燥，无任何不实之处。裱糊类材料可直接裱糊在墙面、天棚上，也可以裱糊在木板、石膏板、金属板等材质做成的基层上(图3-47)。

裱糊类墙面主要工艺流程：

1．基层表面处理：

(1) 水泥基体墙面：用水泥砂浆填平表面的麻点、凹坑、裂缝等部分，使墙面基层平整、无空鼓。

(2) 木板、石膏板墙面：首先用防锈漆覆盖钉眼，防止刮腻子灰时出现锈斑。然后将专用嵌缝膏抹平基层板表面的接缝、钉眼等不平之处。待灰缝干结固化后，将接缝纸带粘贴在缝隙处，防止墙纸裱糊好后其面层被撕裂。

2．刮底灰：主要用于大面积找平以及防止基层板翻色。底灰可用石膏粉或白水泥加腻子胶水及适量的乳白胶。

3．满刮腻子：根据基层表面平整度，通常刮2～4遍腻子灰，每遍之间必须凝固干透并用细砂纸磨平。腻子刮完后其表面应平整、光洁，有足够的强度来满足墙纸的粘贴。

4．涂刷防潮底漆：此方法又叫封闭底层，是为了防止墙纸受潮脱落以及腻子膏发黄翻色。

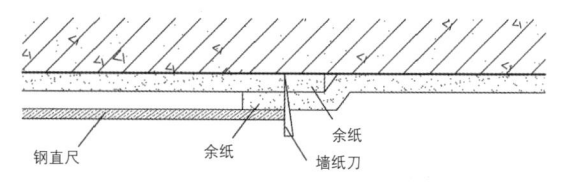

图3-49 墙纸重叠对花裁割示意图

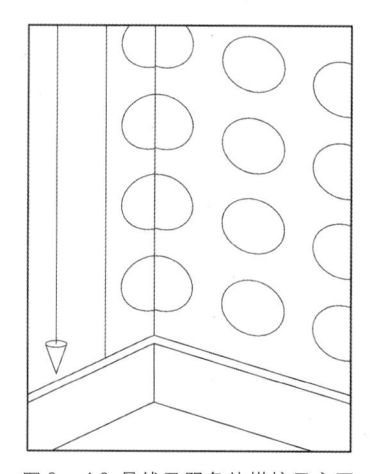

图3-48 吊线及阴角处搭接示意图 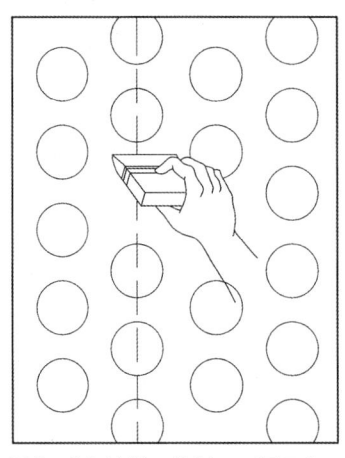　　图3-50 墙纸、裁割、压平示意图 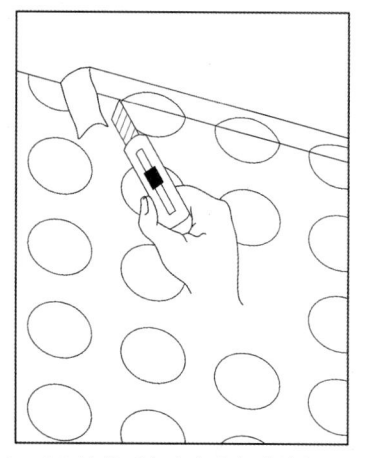　　图3-51 裱糊后割去多余部分墙纸示意图

5．弹线定位：其目的是使墙纸粘贴后的花纹、图案、色彩保持连贯。根据墙纸尺寸，在每壁墙面所粘贴的第一幅墙纸处弹出水平和垂直线，作为裱糊时的基准线(图3-48)。

6．涂刷底胶：是为了增加墙纸的黏结牢度。底胶可由厂家提供，也可自行配制。底胶通常涂刷在基层表面，并与粘贴墙纸同时进行。

7．裁剪、预拼：根据设计要求和墙纸的花型、图案、色彩以及背面符号进行裁剪、预拼、试贴、编号。通过墙纸背面的符号，可以了解此种墙纸的基本性能特点和施工方法。

8．拼贴墙纸：上墙裱糊前，应先将裁剪好的墙纸浸入清水中3～5分钟，取出将水抖掉或在墙纸背面喷刷清水；也可将墙纸在清水中快速卷一遍，然后根据基准线，将墙纸裱糊于基层上。拼贴墙纸应先垂直裱湖，后对花、拼缝。墙纸常用对缝法有直接对缝、错位对缝、重叠对缝等方法。对花、拼缝完成后再用刮板将墙纸刮压平整，同时裁去多余部分墙纸，最后用湿毛巾将溢出的胶水擦净(图3-49、3-50、3-51)。

9．修整表面：墙纸裱贴完毕，应严格检查拼贴质量，如有气泡、空鼓之处，可用钢针在气泡表面轻戳几下，或用刀片顺墙纸花形纹理方向切割小口，用刮板挤出空气。

八、喷涂类墙面

喷涂类墙面一般是指采用涂料经喷、涂、抹、刷、刮、滚等施工手段对墙体表面进行装饰装修。涂料饰面是建筑装饰装修中最为简单、最为经济的一种构造方式。它和其他墙面构造技术相比，虽然不及墙砖、饰面石材、金属板经久耐用，但由于涂料饰面施工简便、省工省料、工期短、工效高、作业面积大、便于维护更新且造价相对较低，因此，涂料饰面无论是在国外还是国内，都成为一种应用广泛的饰面材料。

（一）涂料的历史

涂敷于物体表面能形成连续的薄膜，这种干结固化后能对物体起保护、装饰或其他特殊作用的物质称为涂料。早期的涂料，大都是以植物油如桐油、亚麻红油、豆油、蓖麻油等和天然漆为基本原料炼制而成，因而在很长一段时间，将涂料称为油漆。随着石化工业的发展，各种合成树脂和溶剂、助剂的相继出现，以天然树脂类为原料的涂料已大部分或全部被人工合成树脂有机溶剂所代替，因而"油漆"一词已不够准确，而应称之为有机涂料。但人们习惯上仍称有机涂料为油漆，把乳液型涂料称为乳胶漆。本书为了学习的方便，把油漆和涂料分开讲授。

（二）油漆的功能与作用

油漆品种极其繁多，功能各异，不同的油漆其组成成分各不相同，因而作用也各有不同。对于室内装饰和家具设备，主要起保护和装饰作用。

油漆可以牢固地附着在物体表面，形成连续均匀、坚韧的膜，人们把这层保护膜称之为漆膜。它能将物体与空气、阳光、水分以及其他腐蚀性物质隔离开，起到防腐、防潮、防锈、防霉、防虫等作用，从而使物体不受到侵袭和破坏。同时漆膜有一定的强度、硬度、弹性，可减轻外力对物体表面的摩擦和冲击。

油漆漆膜光洁美观、色彩鲜艳而多变，涂装在物体表面，可以改变物体固有的颜色，起到装饰美化的作用。

（三）油漆的组成与选择原则

油漆是由主要成膜物质，次要成膜物质和辅助成膜物质组成。它和涂料的组成相同。

油漆的种类繁多，性能和用途各不相同，使用时必须了解各类油漆的型号、性能、组成特点、应用范围、注意事项等。这样才能正确地选择和使用油漆，从而获得满意的装饰和保护效果。油漆的选择应注意以下几点：

1. 合理性

包括油漆自身的配比关系和油漆与饰面材料、环境的匹配关系。

首先应根据饰面材料、环境特点，选择相匹配的油漆品种。如需要显露木纹或其他材质纹理，应选用清漆，而不得使用厚漆；钢铁构件应选用具有防锈性能的油漆；而对于户外木质构件必须选择具有良好的防腐、防蚀、防潮性能的油漆。

其次，底漆、腻子、面漆、稀释剂应采用同一类品种，同类油漆可以相互调合，反之不同类型油漆决不能混合使用。

2. 装饰性

室内装饰效果主要由造型、质感、线型、色彩、灯光和阶面等诸方面因素决定的，其中造型、线型是由建筑结构与设计要求所决定的；而质感、色彩和阶面则是由涂料（油漆）的装饰效果所决定的。

3. 经济性

不同的产品使用的周期、年限各异，有些产品短期效果好而长期使用维修费用高；有些产品使用年限长，质量好，但价格昂贵。因此选择时要综合考虑，权衡利弊，尽量选择既有耐久性、保护性，又能满足装饰效果的油漆。

4. 环保性

环保型涂料（油漆）在现代装饰装修中越来越受到人们的重视，应尽量选择对人体无害，对环境破坏小的产品。室内装修不宜大面积使用室外涂料（油漆）。

（四）常用油漆种类

由于不同类型油漆的性能各异、用途不同、产品繁多，这里仅介绍在室内装饰中常用的一些产品。

1. 油脂漆类

油脂漆是用干性或半干性植物油，经熬炼并加入催干剂调制而成，可作厚漆、防锈漆调配的主料，也可直接单独使用，它装涂方便，渗透性好，价格低。但涂层干燥慢，漆膜柔软发粘，强度差。

2. 天然漆类

天然漆又称土漆、中国漆，是将漆树上取得的汁液，经部分脱水过滤而得到的棕黄色黏稠液体。其特点是漆膜坚固耐用、富有光泽、不裂不粘、耐磨、耐水、耐酸、耐腐蚀、耐烫、绝缘、与基底结合力强。缺点是粘结度强而不易施工，干燥慢并有毒，工序繁杂，大多用于家具、工艺饰品。它分生漆、熟漆和广漆。

3. 醇酸树脂漆类

醇酸树脂漆类是用干性油和改性醇酸树脂为主要成膜物质调制而成。该漆的附着力、光泽度、耐久性均比酚醛漆强。漆膜干燥快、硬度高、绝缘性好。它包括清漆与色漆两部分，广泛用于室内门窗、家具、木地板、金属等，不宜用于室外。

4. 硝基漆类

硝基漆又称喷漆，是以硝化棉为主要成膜物质，加入合成树脂、增塑剂、稀释剂调配制成，分清漆和厚漆两部分。硝基漆通过溶剂挥发达到干燥，具有干燥快、漆膜坚硬、发亮、耐磨、耐久等优点，是一种高级涂料，主要用于高级建筑中门窗、家具、扶手、地板、金属等的装饰。

6. 聚酯漆类

聚酯漆以不饱和聚酯为主要成膜物质，有透明清漆和色漆之分。聚酯漆干燥迅速，十几分钟即可用手触摸，漆膜坚硬而丰满厚实，有非常高的光泽度和保光性，耐磨、耐久、耐水、耐热、耐寒、耐酸碱，是一种高级装饰材料。适用于室内外门窗、家具、木器、金属等表面涂装。聚酯漆分双组分和三组分，主要由漆、稀释剂、固化剂组成。

7. 新型环保漆类

新型环保漆是油漆中一个全新品种。它不含铅和汞的成分，无毒、无挥发性溶剂、无刺激味，不污染环境并且对人体无害，可用水稀释。同时它的漆膜丰满、透明清澈、耐磨性好、施工安全方便。

8. 真石漆

真石漆又称石头漆，是用天然花岗岩、大理石及其他石材经粉碎成微粒状配以特殊树脂溶液结合而成。其质地如石头般坚硬，具有自然、立体感强、稳重、气派的石材特征。它抗老化、耐候、耐火、耐水、无毒、不褪色、抗酸碱侵蚀、易清洗，广泛用于室内外天棚、墙面、柱面等部位的装饰装修，也可根据设计要求喷出各种花纹图形。

（五）油漆饰面构造

室内装饰装修工程中，油漆主要用于饰面处理，油漆饰面分为透明和色漆涂饰两类。

1. 透明涂饰施工工艺

透明涂饰又称清漆涂饰，常用于木家具、木吊顶、木墙面、木地板的饰面处理。它不仅保留木材原有的木纹特征，而且通过某些特殊的方法、工序可改变木材本身的颜色、纹理。

透明涂饰的主要工艺流程：

(1) 基层处理：首先将木材表面的污尘、斑点、油污及胶迹等清除干净，然后用砂纸打磨除去木毛屑，使表面平滑。如果木材、线条表面颜色分布不均匀，色差过大，应对木材、线条表面深色部位进行漂白脱色处理，使其颜色均匀一致。

(2) 着色封底：调制与木材相同颜色的腻子，嵌补饰面板及木线条上的钉眼、裂缝等缺陷，干后用细砂纸打磨平整，常用腻子有水性腻子、胶性腻子和油性腻子。

为了改变或统一木材颜色，以体现某种色调为主的装饰效果。可采用水色、酒色等方式进行着色处理。

(3) 透明面漆涂饰：经过着色封底的木墙面、木天棚、木家具、木线条等表面，应涂刷透明面漆来完成饰面装饰。

① 配漆：不同产品的透明漆其比例配方各不相同，可根据产品说明和具体情况进行配制。配制时应搅拌均匀并静置5分钟方可使用。涂刷每遍漆的配制比例都不相同，通常工序越靠后的涂刷，面漆越少而稀释剂越多。

② 涂刷面漆：面漆施工的常用方法有手工涂刷和机器喷涂。面漆一般应连续涂刷3~4遍，每遍间隔的具体时间可根据产品而定，通常为1~12小时。

(4) 修饰漆膜：面漆漆膜应均匀、厚薄一致，在饰面漆膜上进行抛光上蜡处理，可使漆膜更加光亮平滑。

2. 色漆涂饰施工工艺

色漆可改变并遮盖物体固有的颜色、纹理、缺陷等，其表面色泽即为色漆的漆膜颜色。色漆的配制已在工厂完成，同时也可以根据设计要求自行配制。

色漆涂饰的主要工艺流程：

(1) 色漆的配色：色漆的配色原理与色彩配色原理相同，配色时，应分清颜色的主次比例关系。把次要颜色通过多次逐渐加入主色内，不能相反。配制色漆必须使用同类油漆和相应的稀释剂。

(2) 基层处理：首先将木材及其他材质物体表面的污尘、斑点、油污及胶迹清除干净。并用腻子填补物体表面的裂缝、钉眼、凹凸不平等缺陷，然后用砂纸将物体表面打磨平整。

(3) 刮腻子：局部或满刮腻子2~3遍，用水砂纸磨光磨平，局部不平处可点补多次。腻子可用相同类型清漆和色漆配制。

(4) 涂刷底漆：一般用白色或浅色作底漆，通常涂刷1~3遍。底漆应涂刷薄而均匀。待每遍漆干燥硬化后用300~800号水砂纸湿磨。

(5) 涂饰面漆：面漆可根据具体情况涂刷2~5遍，前两遍涂刷完成后，用相同颜色腻子点补，然后用300~1000号水砂纸湿磨。

(6) 修饰漆膜：面漆涂刷完成后，如有局部发花、流挂、表面颗粒等现象，可用800号以上的水砂纸湿磨，使其平整光滑后再涂刷面漆，最后进行抛光上蜡处理。

3. 真石漆构造做法

真石漆属喷涂类的装饰材料，施工中需使用气泵将真石漆喷附在物体表面上。它由底漆、中漆和透明面漆三种材料组合而成。

真石漆的主要工艺流程：

(1) 基层处理：基层必须坚实、干燥、无油污、无浮灰、无空鼓。基层可是水泥砂浆、混凝土、砖体基层，也可是各种木质、石膏板基层。

(2) 涂刷底漆：在清理干净的基面喷底漆1~3遍，每遍间隔时间为4~8小时。

(3) 造型分格线：按设计要求，在基面上弹出各种造型分格线，再用胶带遮挡造型分格线，线型形状和尺寸可根据设计要求而定。

(4) 喷涂骨料：把搅拌好的骨料喷涂于基层上(骨料一般两遍完成)，喷涂厚度根据造型面的要求通常为3~100mm，喷涂时应厚薄一致。

(5) 除掉造型胶带：真石漆喷涂完成后，撕去造型分格胶带，应注意不得影响真石漆表层。

(6) 喷涂面漆：真石漆完全硬化后，则可全面喷涂透明面漆2~3遍。养护24小时即可。

(六) 建筑涂料的作用与特点

我们把涂敷于建筑物表面的涂料称为建筑涂料。建筑涂料的品种丰富，应用范围广，是一种广泛使用的装饰装修材料。主要用于建筑物内外墙、天棚、地面的涂饰。近年来，随着新型、环保、高效建筑涂料的发展，克服了涂料易发黄变质，涂膜不能擦洗，使用周期短等缺点。因而在现代建筑内外墙面的装饰中所占比例越来越大(图3-52)。

建筑涂料是通过涂膜牢固地附着在建筑物表面，来达到保护和美化的作用。它可通过改变建筑物表面的颜色和质感满足装饰的需要，其涂膜不但具有丰富的色彩，还具有一定的光泽度和平滑性，以及较好的质感和手感。

建筑涂料与其他饰面材料相比具有重量轻、色彩鲜明、附着力强、施工简便、省工省时、维护更新方便、价廉质好，以及耐水、耐污染、耐老化等优点。

(七) 常用内墙涂料的类型与选择

由于建筑涂料品种繁多，不同类型涂料的性能、用途各异，室内装饰中以合成树脂乳液内墙涂料最为常见。它不仅用于内墙装饰，也可装饰天棚。内墙涂料外观光洁细腻，颜色丰富多彩，耐候、耐碱、耐水性好，不易粉化，涂刷方便，是现代室内装饰天棚、墙面的主要用材之一。内墙涂料的选用原则和油漆的选择原则相同。

合成树脂乳液内墙涂料又叫乳胶漆，是以合成树脂乳液为主要成膜物质，加入适量的填料、少量的颜料及助剂经混合、研磨而得的薄质内墙涂料，分面漆和底漆。

乳胶漆的类型较多，通常以合成树脂乳液来命名，主要品种有聚醋酸乙烯乳胶漆、丙烯酸酯乳胶漆、聚氨酯乳胶漆等。它们具有涂膜光滑细腻、透气性好、无毒无味、防霉、抗菌、耐擦洗性能强的特点，适用范围广泛(图3-53)。

图3-52 颜色多变的外墙涂料与自然融为一体

图3-53 光滑细腻的内墙涂料颇具时尚意味

1. 丝光内墙乳胶漆

丝光内墙乳胶漆以优质丙烯酸共聚物或醋酸乙烯共聚物为主材,配以无铅颜料和抗菌防霉剂调制而成。其特征为外观细腻,涂膜平整,质感柔和,手感光滑,有丝绸的质感。同时具有耐碱、耐水、耐洗刷、附着力强、涂膜经久不起鼓剥落等特点。广泛用于各种建筑物内墙、天棚装饰。有丝光和亚光系列。

2. 水溶性内墙涂料

水溶性内墙涂料是以水溶性合成树脂聚乙烯醇及其衍生物为主要成膜物质,加入适量颜料、助剂、水经研磨而成。其特点是施工工艺简单、价格便宜,有一定的装饰性。适用于普通室内墙面、顶棚的装饰,属低档涂料。

水溶性内墙涂料主要分为聚乙烯醇水玻璃内墙涂料和聚乙烯醇缩甲醛内墙涂料两大类。

3. 质感内墙涂料

质感内墙涂料又叫厚质涂料,它是由底涂、中涂和面涂构成。它的主要骨料采用天然矿物质制成,可用水直接稀释,有较高的环保性能。通过不同工具可创造出变幻无穷的艺术图案,质感内墙涂料富有极强的动感和立体感,是现代建筑内墙装修较为新颖的一种装饰材料。它具有优良的耐候性、透气性、保色性、附着力、抗拉伸能力,以及防水、防潮、保湿、吸声等特点。特别在表现效果方面是其他传统装饰材料无法比拟的(图3-54)。

图3-54 质感涂料构成的界面带来全新的视觉感受

4. 浮雕喷塑内墙涂料

浮雕喷塑内墙涂料,此涂料由底涂层、主涂层、面涂层三层结构组成。涂膜花纹呈现凹凸状,富有立体感。适用于室内外墙面、顶棚的装饰。具有较好的耐候性、保色力、耐碱性、耐水性。浮雕喷塑内墙涂料和质感内墙涂料有许多相似之处。

(八) 内墙涂料的施工工艺

室内装修工程中,涂料常用于大面积墙面、柱面、顶面的装饰。在各种饰面构造中是最为简便、快捷的一种,它适用于各种基层的饰面施工。

1. 水溶型、乳液型涂料构造

(1) 基层处理:施工基层应清洁干燥,无油污、灰尘,平整结实无疏松等现象。

(2) 墙体基层修补:墙体有大面积凹凸不平之处以及裂缝、空壳等,可用水泥砂浆或石膏腻子修补找平。

(3) 满刮腻子:修补找平层完全凝固干透后,满刮腻子2~4遍,并打磨平整。

(4) 涂刷底漆:用和面漆相匹配的乳液底漆涂刷1~2遍。对底层进行封闭,同时局部再用腻子修补、磨平。

(5) 涂刷面漆:面漆一般涂(刷、喷)2~3遍,每遍间隔时间不少于2小时,全部完成后,至少保养24小时。

2. 浮雕喷塑涂料构造

(1) 基面处理,墙体基层修补,刮腻子和水溶型、乳液型涂料的构造方法相同。

(2) 底涂层:涂刷或喷底漆1~2遍,其作用是渗透到底层内部,增加基层的强度以及骨架涂料与基层之间的结合力。

(3) 主涂层:又叫骨架涂层,是浮雕喷塑型涂料特有的成型层。能形成一种凹凸状(俗称浮雕状)或平状花纹的装饰造型,因此也叫结构层。

(4) 面涂层:又称面油,待主涂层完全干燥后喷面油2~3遍,每遍间隔时间约4小时,完全成型后应养护24小时。

3. 质感涂料的构造工艺

墙面基层处理,墙体基层修补和水溶型、乳液型涂料的基本构造工艺相同。

在底漆表面,满刮质感涂料专用腻子,通过专用工具应用抹、刮、滚、拉、刷、批、梳、漏等手法,创造出不同风格、不同纹理、不同凹凸形状的图案,再喷1~2遍各色乳胶面漆即可,也可喷涂透明油漆。

单　元　教　学　导　引

目标	本单元通过对建筑内墙面装饰的功能和要求及常用装饰装修材料基本性能、特征和不同材质的构造技术的阐述，使学生较完整地理解和掌握其构造方法，懂得用相同的材料而通过不同的构造方法能营造出功能和效果各异的墙面造型，明白墙面装饰为什么能在设计中有承"上"启"下"的作用。
要求	要求从实用出发，教学中与天棚、地面的装饰装修手段、构造技术相结合，培养学生的综合应用能力。用大量的图例列举详尽的构造原理和细部处理手法，通过多媒体演示和施工现场的观摩、考察，了解、熟悉国内外建筑内部各种不同界面的组合、搭配，领悟各自不同的艺术风格和装饰效果。
重点	着重让学生熟悉、理解、掌握各种装饰材料用于墙面装修的构造原理、做法、细部处理等要点。
注意事项提示	在教学过程中应以理论阐述为基础，技术讲解为主线，实践活动为辅助，尽量使教学活动有一定的可读性、趣味性。
小结要点	本单元着重阐述了墙面的建筑空间承重和围护作用及垂直分隔构件墙体的功能、特征和类型，增强学生对建筑内部各界面要素的了解，懂得任何设计意图都是以材料为依托，以构造技术、细部处理为支撑。培养学生的调研能力，让学生在实践中总结并明白设计图与具体施工工艺的关系。

为学生提供的思考题：

1. 简述室内墙面装饰的基本功能和要求。
2. 简述室内墙面的构造形式。
3. 简述石材饰面的几种安装法。
4. 简述裱糊类墙面的构造要求和施工要点。

为学生课余时间准备的作业练习题：

1. 临摹各类典型案例墙面的构造大样图、细部节点详图（具体要求和内容由任课教师确定）。
2. 了解《室内装饰装修材料人造板及其制品中甲醛释放限量》（GB 18580—2001）。
3. 了解《室内装饰装修材料内墙涂料中有害物质限量》（GB 18582—2001）。
4. 参观所在城市的各类建筑物内部墙面装饰风格形式，收集相关资料和实样。

本单元作业命题：

由任课教师选用一套住宅空间或办公室进行墙面设计，用多种材料来构造不同的风格特征。

单元作业设定缘由：

这一单元的教学方式主要是教师课堂教授，市场调研和现场参观、考察。通过本单元的作业练习，可以让学生从中感悟到墙面装饰装修材料与其他界面的关系，同时知道怎样通过适当的材料和正确的构造技术去实现自己的设计意图。

单元作业要求：

熟练掌握常见室内墙面装饰装修材料的选用原则，注意材料与构造搭配的合理性，材料之间的搭接、收口处理和其他界面的关系，把握材料与构造的实用性、耐久性、艺术性。

命题作业的实施方式：

课堂讲授，分组讨论，市场调研，资料收集，参观施工现场等方式。

作业规范与制作要求：

临摹作业、命题作业用CAD制图软件绘制（手绘）完成，并严格按建筑制图规范和要求执行，最后和市场调研报告一起装订成册。

单元作业小结：

通过作业的练习，能进一步增强学生对所学知识的理解和把握，培养学生的独立应用能力，为以后的设计奠定基础。

第四教学单元
门　窗　装　饰

一、概 述

　　门窗是建筑围护结构中的两个重要构件，也是房屋及装饰工程的重要组成部分，具有使用和装饰美化双重功能。

　　门窗是联系室外与室内，房间与房间之间的纽带，是供人们相互交流和观赏室外景物的媒介，不仅有限定与延伸空间的性质，而且对空间的形象和风格有着重要的影响。门窗的形式、尺寸、色彩、线型、质地等在室内装饰中因功能的变化而变化。尤其是通过门窗的处理，会对建筑外立面和内部装饰产生极大的影响，并从中折射出整体空间效果、风格样式和性格特征。因此，门窗的设计或选用，一定要与建筑装饰装修的整体效果和谐统一（图4-1）。

图4-1 门窗的形式、线型、色彩对建筑造型、风格有举足轻重的作用

图 4-2-1 和环境相关的木门、窗 　　　　图 4-2-2 带亮子的木门 　　　　图 4-2-3 传统铁艺门

二、门窗的功能与作用

门的主要功能是交通联系，供人流、货流通行以及防火疏散之用，同时兼有通风、采光的作用。窗的主要功能是采光、通风。此外门窗还具有调节控制阳光、气流以及保温、隔热、隔音、防盗等作用。

三、门窗的分类与尺度

门窗的分类与尺度常和建筑的功能、用途、材料、立面造型及建筑模数制等有密切关系，不同功能、部位的门窗，应选用相适合的材料和相应的开启方式，才能达到建筑规范要求和设计效果。

（一）门的分类

门按不同材料、功能、用途等可分为以下几种(图4-2)。

按材料分有木门、钢门、铝合金门、塑料门、玻璃门等。

按用途分有普通门、百叶门、保温门、隔声门、防火门、防盗门、防辐射门等。

按开启方式分有平开门、推拉门、折叠门、弹簧门、转门、卷帘门、无框玻璃门等(图4-3)。

(1) 平开门　　(2) 弹簧门　　(3) 推拉门

(4) 折叠门　　(5) 转门

图 4-3 门的开启方式

(二) 门的尺度

门的尺度通常是指门洞的高宽尺寸，门的尺度取决于其使用功能与要求即人的通行、设备的搬运、安全、防火以及立面造型等。

普通民用建筑门由于进出人流较小，一般多为单扇门，其高度为2000～2200mm；宽度为900～1000mm；居室厨房、卫生间门的宽度可小些，一般为700～800mm。公共建筑门有单扇门、双扇门以及多扇门之分，单扇门宽度一般为950～1100mm，双扇门宽度一般为1200～1800mm，高度为2100～2300mm。多扇门是指由多个单扇门组合成三扇以上的特殊场所专用门（如大型商场、礼堂、影剧院、博物馆等），其宽度可达2100～3600mm，高度为2400～3000mm，门上部可加设亮子，也可不加设亮子，亮子高度一般为300～600mm。

(三) 窗的分类

窗按建筑结构、功能、材料、用途等一般可分为以下三类(图4-4)。

按材料分有木窗、铝合金窗、钢窗、塑料窗等。
按用途分有天窗、老虎窗、百叶窗等。
按开启方式分有固定窗、平开窗、推拉窗、悬窗、折叠窗、立转窗等(图4-5)。

随着建筑技术的发展和新材料的不断出现，窗的设置、类型已不仅仅局限于原有形式与形状，出现了造型别致的外飘窗、转角窗、落地窗、异形窗等(图4-6)。

(四) 窗的尺度

窗的尺度一般由采光、通风、结构形式和建筑立面造型等因素决定，同时应符合建筑模数制要求。

普通民用建筑窗，常以双扇平开或双扇推拉的方式出现。其尺寸一般每扇高度为800～1500mm，宽度为400～600mm，腰头上的气窗及上下悬窗高度为300～600mm，中悬窗高度不宜大于1200mm，宽度不宜大于1000mm，推拉窗和折叠窗宽度均不宜大于1500mm。公共建筑的窗可以是单个的，也可用多个平开窗、推拉窗或折叠窗组合而成。组合窗必须加中梃，起支撑加固，增强刚性的作用。

图4-4-1 老虎窗

图4-4-2 高窗

图4-4-3 百叶窗与上悬窗

图4-4-4 天窗

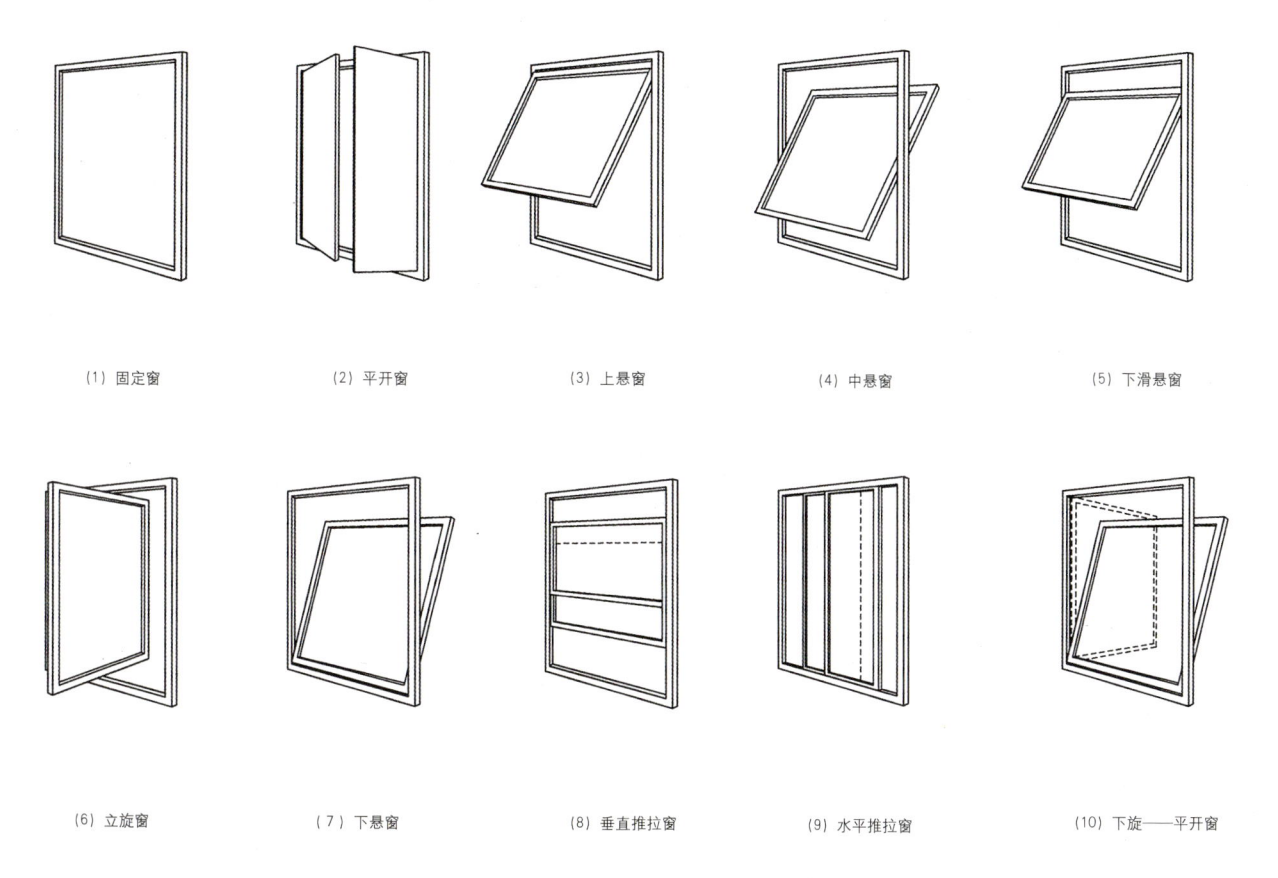

(1) 固定窗　　(2) 平开窗　　(3) 上悬窗　　(4) 中悬窗　　(5) 下滑悬窗

(6) 立旋窗　　(7) 下悬窗　　(8) 垂直推拉窗　　(9) 水平推拉窗　　(10) 下旋——平开窗

图 4-5 窗的开启方式

图 4-6-2 外飘窗

图 4-6-3 异形窗

图 4-6-1 落地窗

四、木门窗的组成与构造

现代建筑的外立面门窗，大多采用铝合金、不锈钢、镀锌钢板、塑钢等材料做成，它们按建筑设计要求在工厂装配而成；而建筑内部的门大多采用木质平开门，只是在样式、材质、色彩上有所变化。

（一）木平开门的组成

平开门主要由门框、门扇、亮子、五金零件及其他附件组成。

门框也称门樘，一般由两根边框和上槛构成。有腰窗的门还应设中槛，其形式有固定、平开及上悬、中悬、下悬等几种，作辅助采光通风之用。外门为隔音、隔尘、防风沙、挡水和防止昆虫入侵可设下槛(图4-7)。

门扇通常有镶板门、夹板门、玻璃门、百叶门、格栅门、纱门等类型。

附件有贴脸板、筒子板。

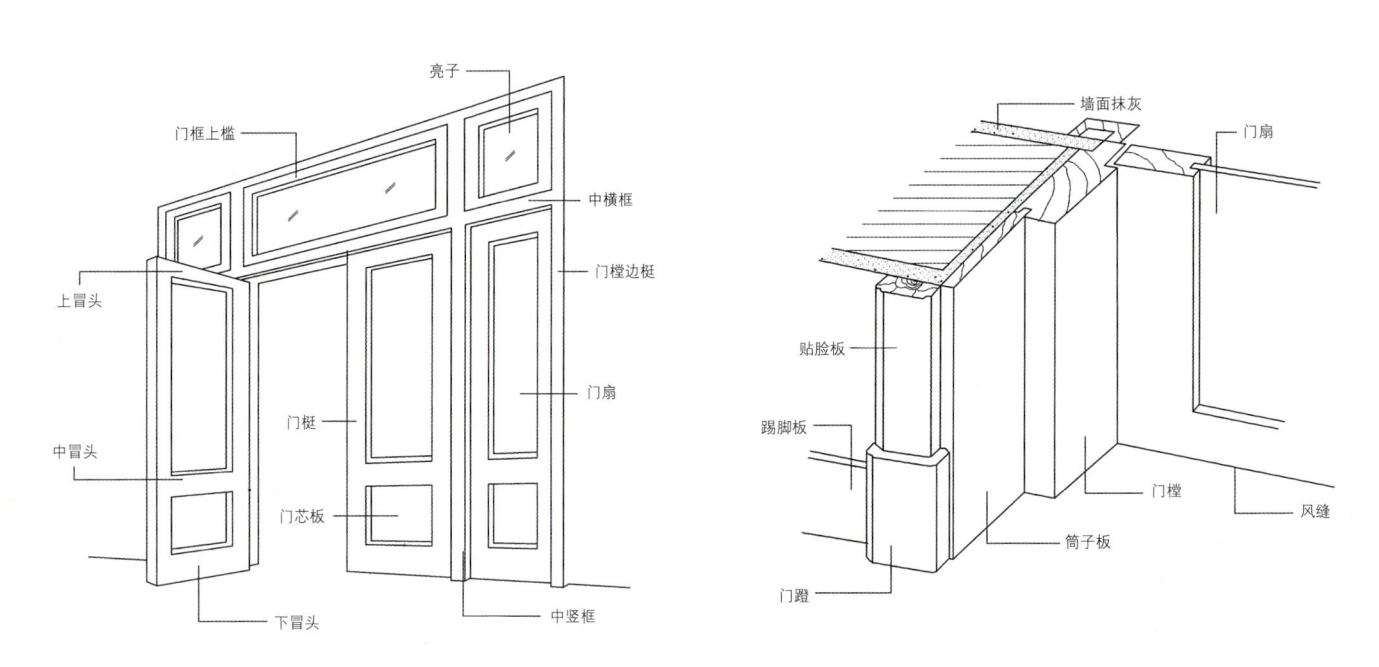

图4-7 木平开门的组成

（二）木平开门的构造

室内装饰装修工程中木质平开门可在工厂订制或施工现场制作。木质平开门构造简单，制作安装方便，样式、色彩丰富，几乎不受场所的限制。

1. 门框

门框的断面形式与门的类型、样式、层数等有关，同时为了门扇安装的密闭牢固，耐久美观，需要设置裁口、槽口和灰口。

门框制作时应考虑刨光损耗，其尺寸应比净尺寸稍大，双裁口木门框的毛料断面尺寸一般为60～70mm，宽为130～150mm。单裁口木门框的毛料断面尺寸一般为50～70mm，宽为100～120mm。门框用料大小也可根据门的具体形式、造型、厚度进行调整(图4-8)。

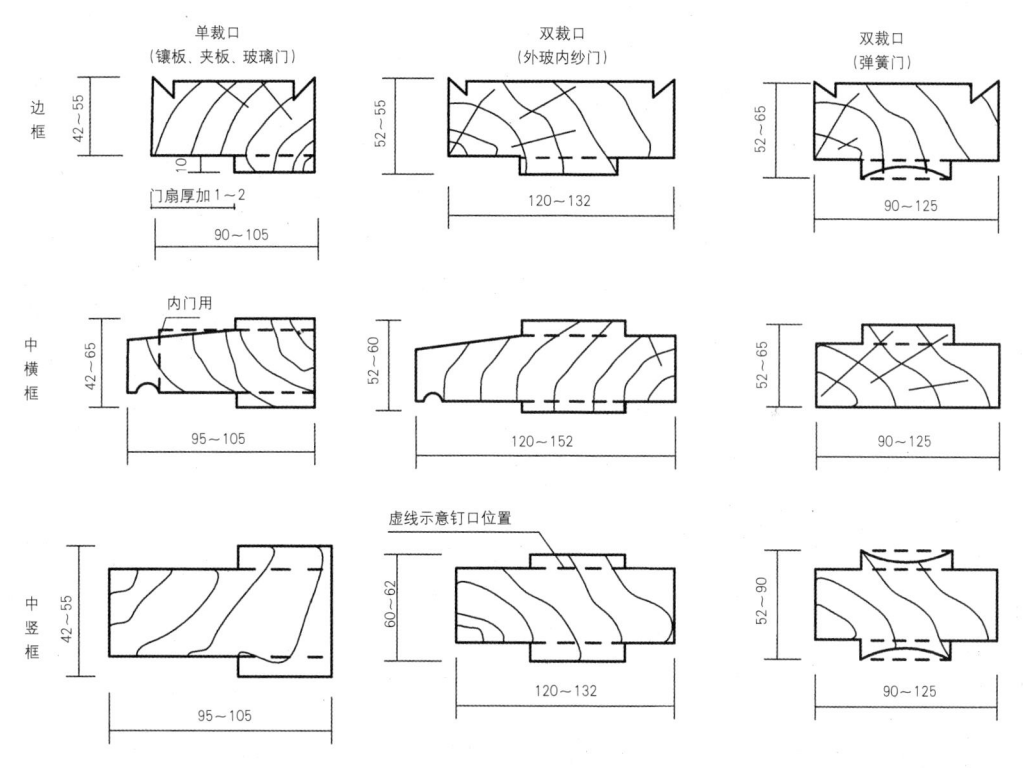

图4-8 平开门门框断面形式及尺寸

2. 门框安装

门框安装按施工方式分立口和塞口两种(图4-9)。

立口又称立樘子,是在砌墙施工前,将门框用木料支撑定位再砌墙体。这是一种传统的构造工艺,其优点是门框与墙体结合紧密、牢固,不易开裂渗水,但需交叉施工。

塞口又称塞樘子,是在砌墙时预留洞口,洞口尺寸应比门框外围尺寸大20~40mm,再将门框塞入其中并与预埋防腐、防蛀木砖固定。门框与墙体之间的缝隙应用水泥砂浆或油膏嵌填。此方法具有施工效率高,便于立体作业,尺寸误差小等优点,是目前装饰装修中普遍采用的方法。

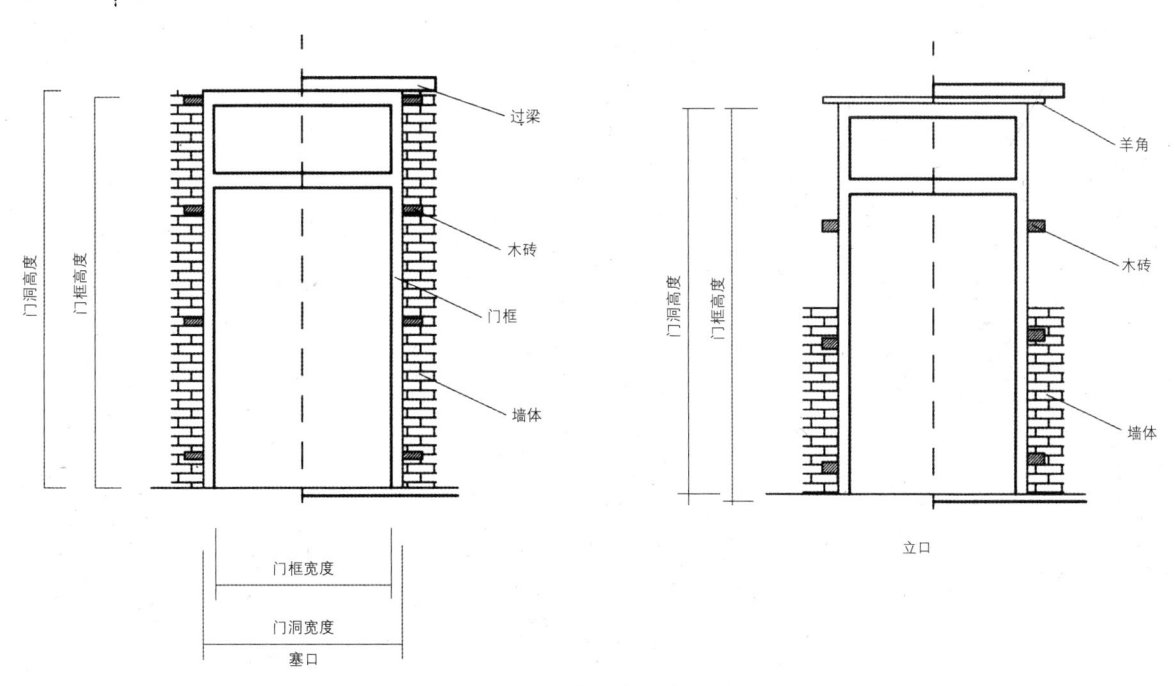

图4-9 门框的安装方式

门框与墙体的固定应视墙体材料的不同而有所区别，门框应置于墙洞中央或与墙体一侧齐平，使门扇开启时贴近墙面(图4-10、4-11)。现代装饰装修中门框与筒子板多采用木方与木板（或细木工板）相结合的构造方式制作安装。门框、筒子板的厚度与门洞内侧厚度一致。它们与墙体结合处应用贴脸板盖缝以防开裂，贴脸板一般为5～15mm厚，50～150mm宽，贴脸板与筒子板表面再粘贴高级饰面板进行装饰。也可用高级实木线条代替贴脸板。

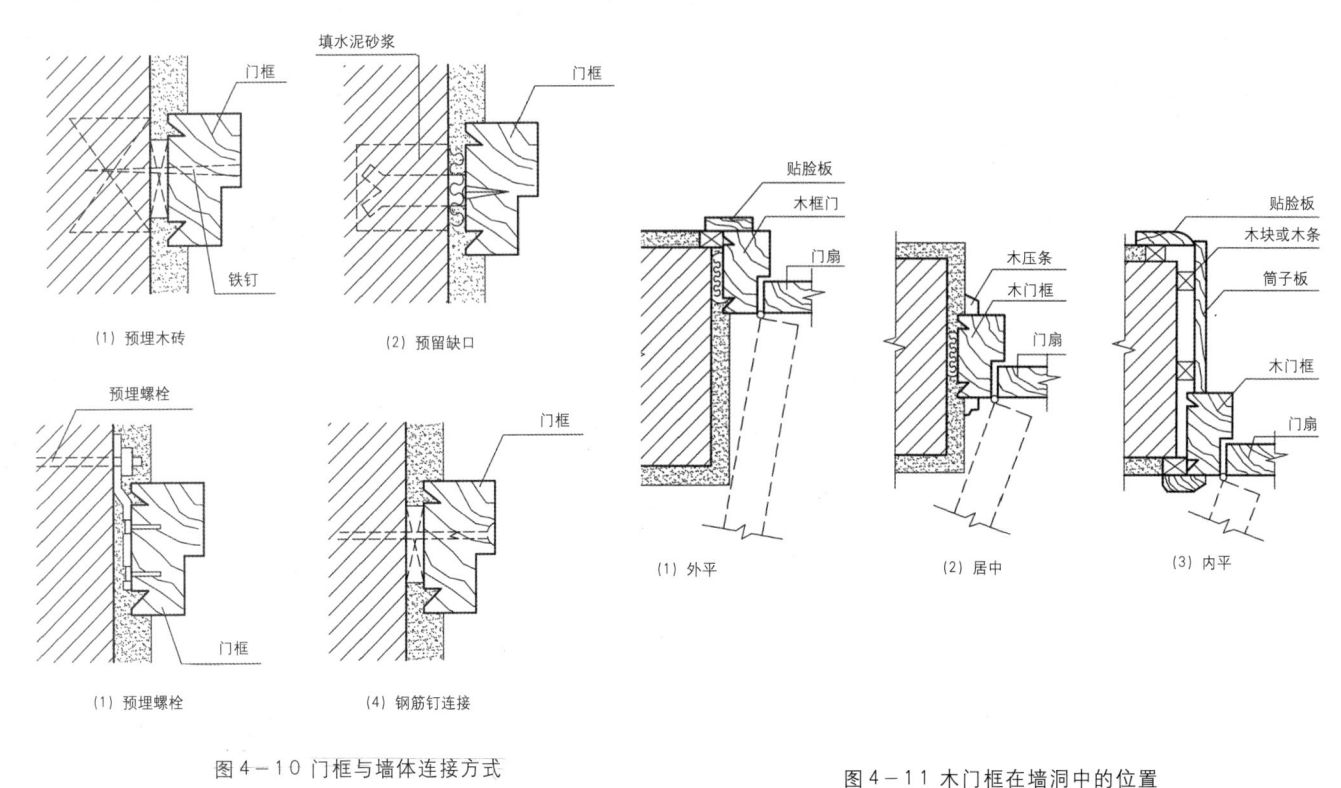

图4-10 门框与墙体连接方式

图4-11 木门框在墙洞中的位置

3. 门扇的构造

木门的主要变化与区别在于门扇。室内装饰木门扇种类繁杂、式样变化多，按构造方式分主要有镶板门（包括玻璃门、百叶门、格栅门、纱门等）和夹板门(图4-12)。

(1) 镶板门又叫框槛门：由上冒头、中冒头、下冒头、边梃和门芯板组成。

镶板门的边梃和上冒头、中冒头、下冒头厚度尺寸相同，一般为40～50mm。上冒头宽度一般为100～120mm；为了安装门锁，中冒头的宽度一般为120～200mm；下冒头一般加大至150～250mm，并与边梃采用双榫结合，这是为加大结合榫头的强度，防止门扇下垂变形。卫生间、厨房和贮藏室门的帽头、边框尺寸根据具体情况可相应的缩小(图4-13)。

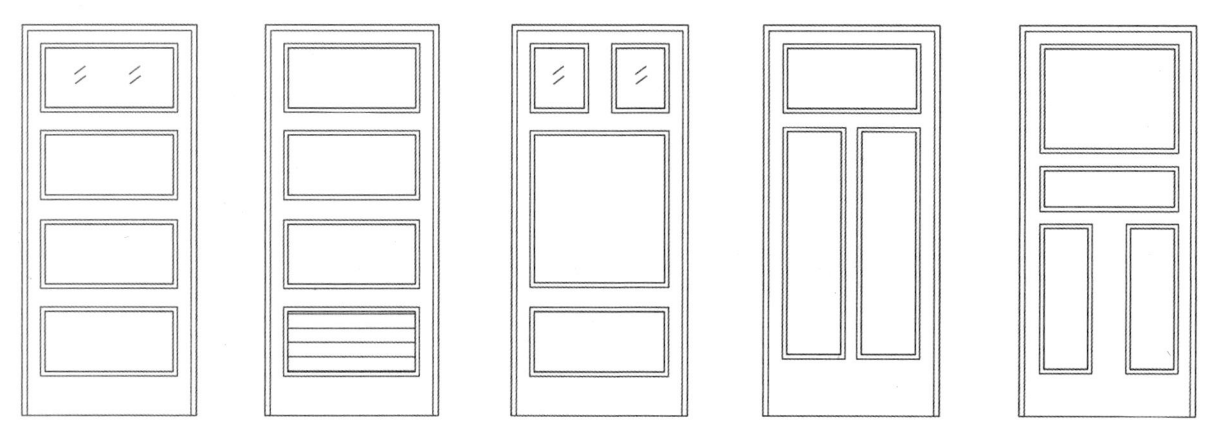

图4-12 镶板门门扇立面形式

图4-13 镶板门构造

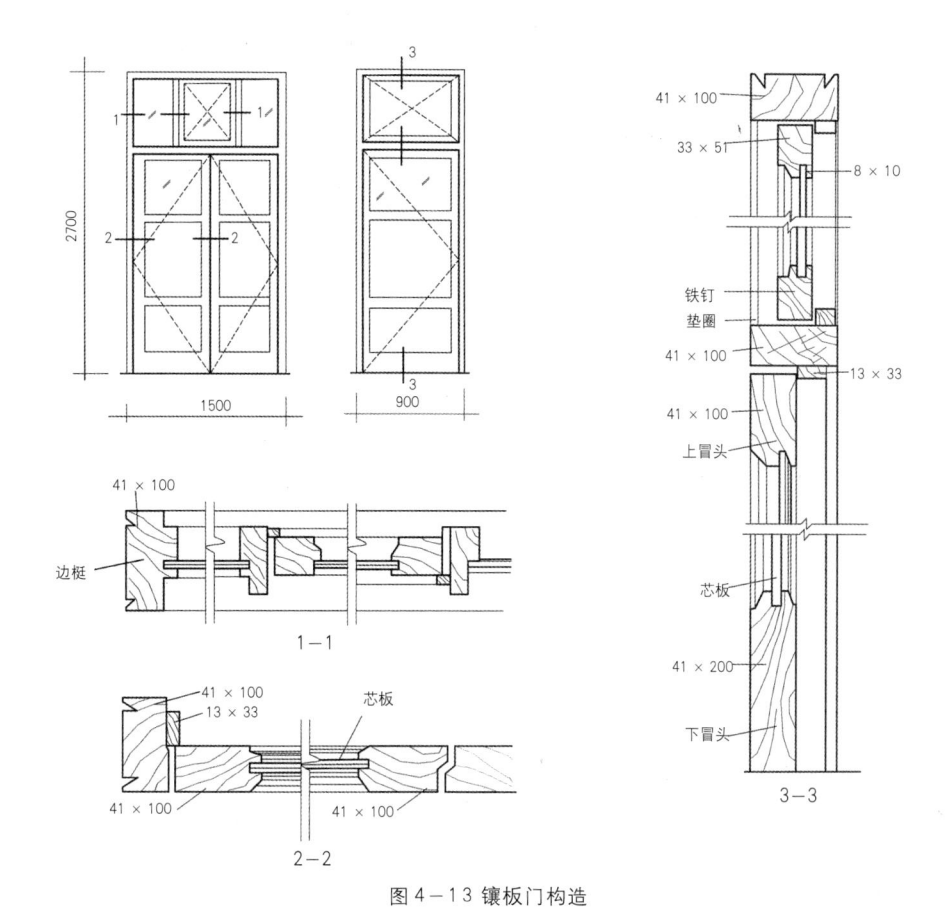

门芯板可用木板、胶合板、密度板、细木工板及其他硬质板材拼装而成，属于全封闭式结构。当门芯板换成玻璃、百叶、格栅或铁纱即为玻璃门、百叶门、格栅门、纱门(图4-14、4-15)。

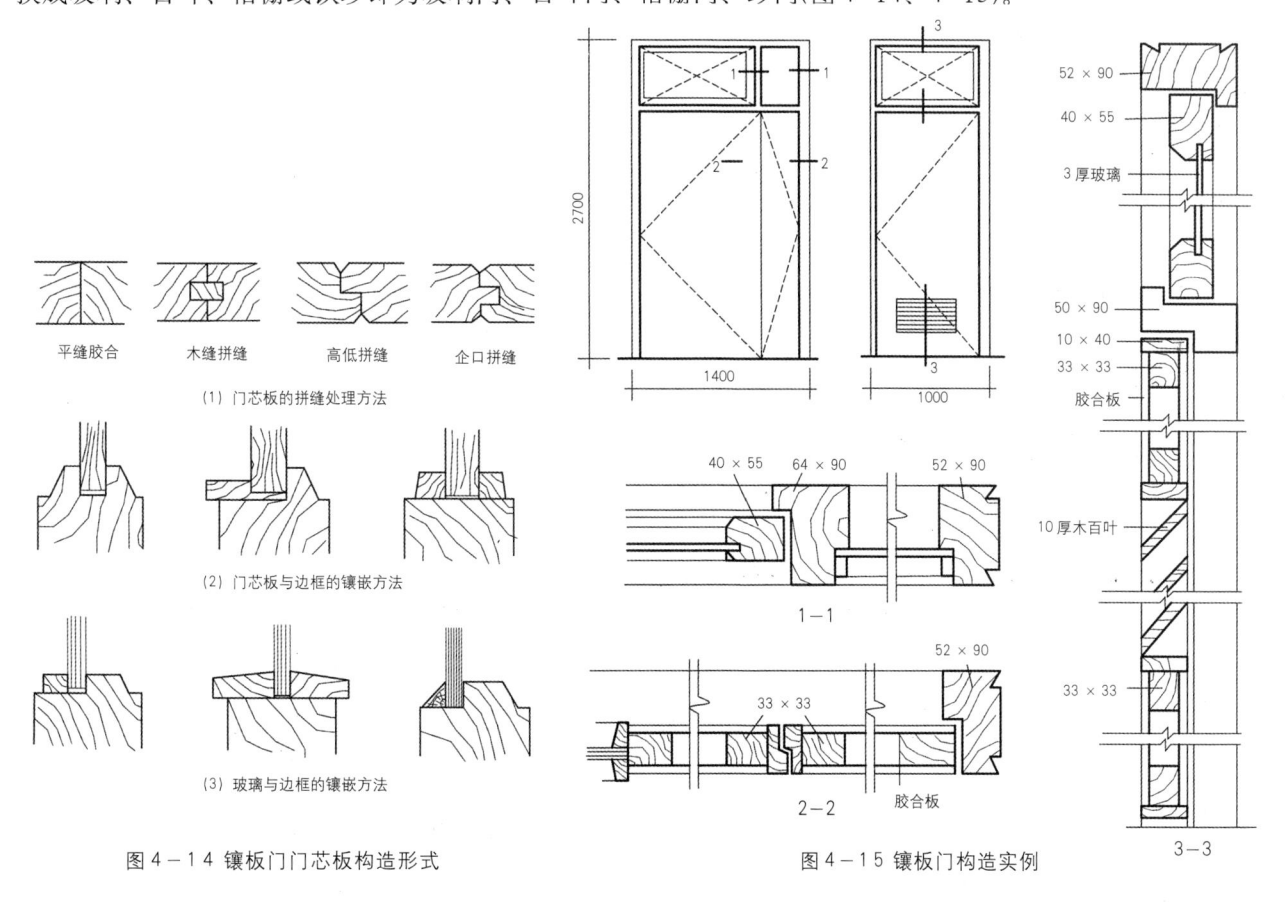

图4-14 镶板门门芯板构造形式　　　　图4-15 镶板门构造实例

(2) 夹板门是由门框、木骨架和胶合板或复合板构成。

夹板门应首先用厚度为35～60mm、宽度为60～100mm的木方制作边框，将事先制作好的木网格置于边框内并连接，木网格一般采用35～60mm的木方加工而成，木网格尺寸根据夹板门大小而定，一般为200～400mm。木网格厚度应和边框厚度相同，门锁安装处应另加木方。最后在木框两面粘贴胶合板或复合板，夹板门的周边用0.8～20mm厚硬木条收口封边(图4-16)。

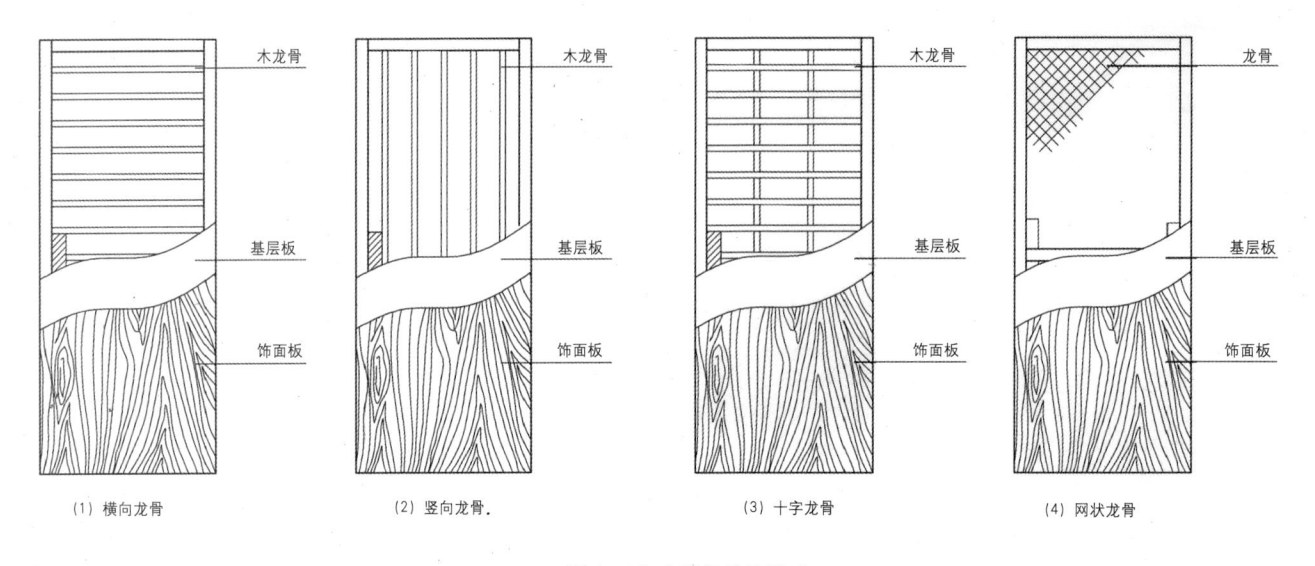

图4-16 夹板门构造形式

夹板门的木方大小可根据实际情况，进行调整；同时也可和玻璃、百叶组合而成玻璃门及百叶门。

4. 门的五金零件

门的五金零件主要有门锁、门拉手、铰链、插销、门碰头、闭门器等。门的五金零件在满足使用功能的同时，还应从式样、造型、色彩、大小等诸因素进行选择。特别是门锁、拉手有画龙点睛的作用。

（三）木平开窗的组成

窗一般由窗框也称窗樘、窗扇、五金零件及其他附件组成(图4-17)。

窗框由上框、下框、边框、中横框、中竖框等构成。

窗扇由上冒头、下冒头、窗芯、边框、玻璃等组成。

窗的五金零件有铰链、拉手、插销、风钩等。

另外，窗还有其他部分如窗帘盒、窗台板、贴脸板等。

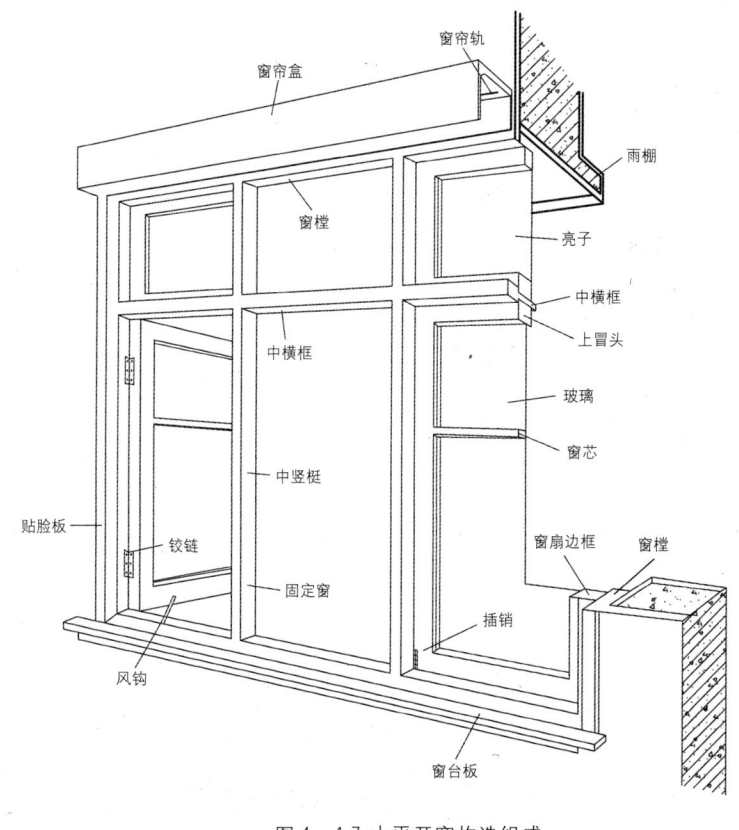

图4-17 木平开窗构造组成

图4-18 平开木窗窗框断面形式及尺寸

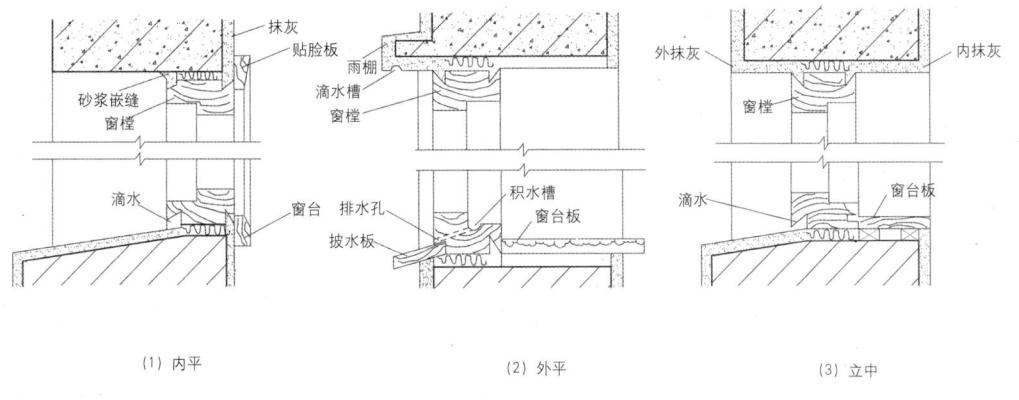

图4-19 木窗窗框在墙洞中的位置

(1) 内平　(2) 外平　(3) 立中

（四）木平开窗的构造

1. 窗框

简单的窗框由边框和上下框组成。当窗的尺寸较大时，应增加中横框或中竖框。一般单层窗的边框和上下框断面厚为40～60mm，宽度为70～100mm，中横框、中竖框因设有双裁口而断面厚度应增加10～15mm。双层窗窗框的断面尺寸比单层窗宽20～30mm（图4-18）。

窗框与门框一样，有裁口及背槽处理，裁口亦有单裁口与双裁口之分。

裁口的宽与窗宽相同，深约为10mm，以便固定窗扇。

窗框与墙体的固定方式与门框相同，分为立口和塞口两种。塞口的洞口高宽尺寸稍大于窗框实际尺寸。窗框在墙体中的位置有立中、内平和外平三种形式（图4-19），立中或外平要设窗台板和贴脸板（窗套线），内平只设贴脸板。窗框四周用木楔固定，和墙体之间的缝隙用油灰和防水砂浆填塞牢固。

2. 窗扇

根据窗框洞的净尺寸确定窗扇尺寸，两窗扇对口处及扇与框之间需留出2mm左右的风缝，安装时冒头、窗芯呈水平。双扇窗的冒头要对齐，开关灵活，不能有自开自关现象（图4-20、图4-21）。

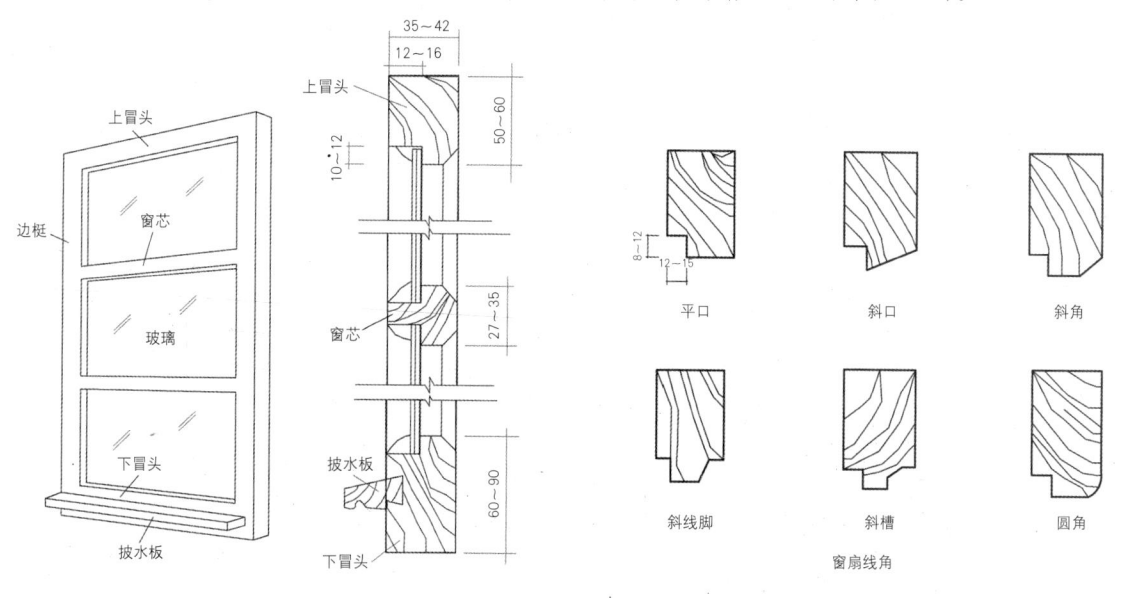

图4-20 单层玻璃窗扇的组成及断面形式

平口　斜口　斜角
斜线脚　斜槽　圆角
窗扇线角

图4-21 双层窗断面形式

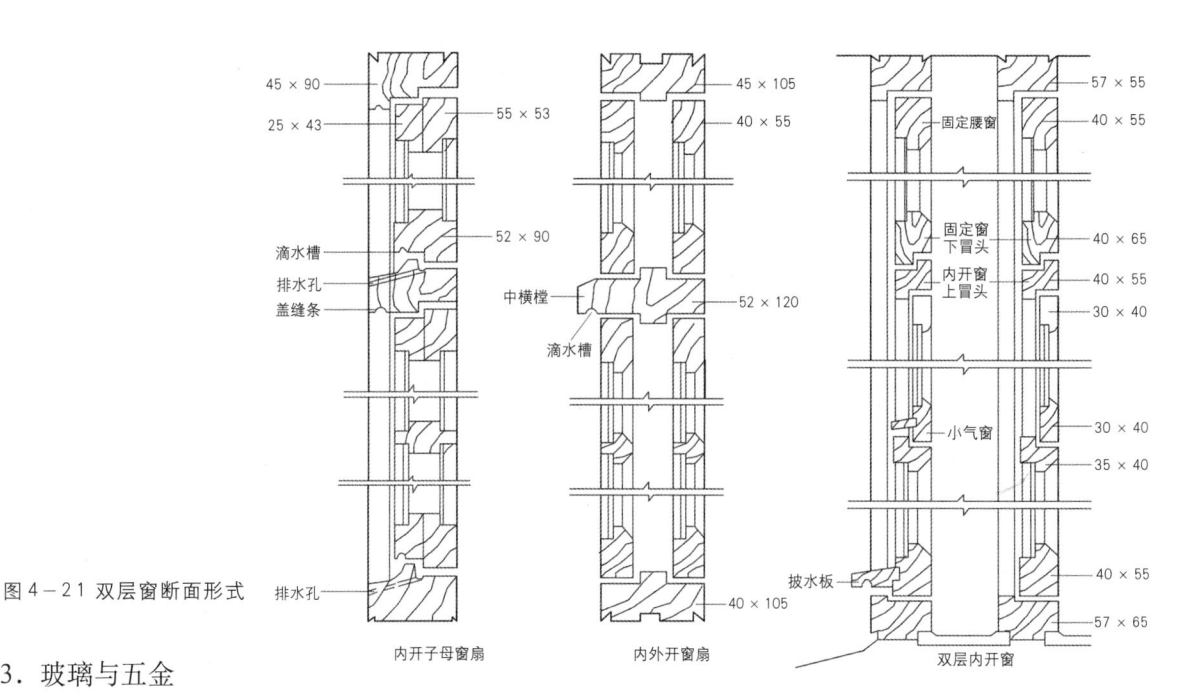

3. 玻璃与五金

玻璃应安装在窗扇外侧,以利防雨,玻璃可用油灰式玻璃胶嵌固,也可用装饰木条镶装压固(图4-22)。窗扇玻璃常用3～5mm普通平板玻璃,其造价低廉、工艺简单,也可用中空玻璃、装饰玻璃、钢化玻璃等。

窗的五金零件可根据具体情况选用,须坚固耐用。

(五)金属和塑料门窗及构造

1. 铝合金门窗

铝合金门窗采用专用铝合金型材,配以玻璃、密封胶条组成,其制作工艺简便,安装快捷,质轻,强度高,耐候性强,颜色丰富。

室内装饰装修中,铝合金门窗使用较为普遍,常见形式有铝合金推拉门窗、平开门窗、折叠门窗、固定门窗等,尽管其样式、尺寸有所不同,但构造技术、安装方法基本相同。

铝合金门窗采用塞口安装,将门框、窗框立于门窗洞口内并与洞口四周预埋铁件连接,然后再进行周边水泥填塞。铝合金门窗扇的分格可比木质门窗扇稍大,玻璃稍厚,玻璃与门窗扇的固定材料用塔形橡胶密封条和玻璃胶固定。

2. 钢门窗

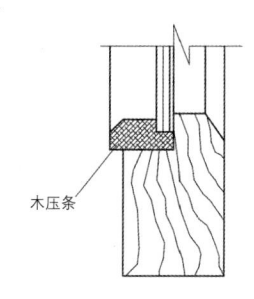

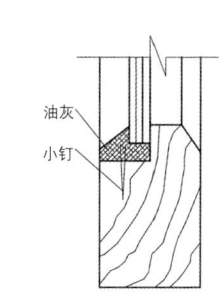

图4-22 木窗玻璃镶嵌构造

钢门窗是用型钢或薄壁空腹型钢加工而成,通常分为实腹式和空腹式两类。

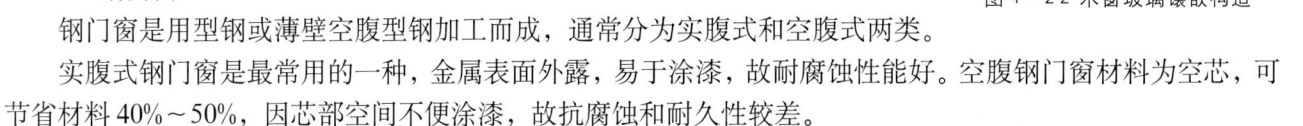

实腹式钢门窗是最常用的一种,金属表面外露,易于涂漆,故耐腐蚀性能好。空腹钢门窗材料为空芯,可节省材料40%～50%,因芯部空间不便涂漆,故抗腐蚀和耐久性较差。

钢门窗具有质地坚固、耐久、防火、防水、外观整洁、美观、风雪不易侵入等优点。但钢门窗的气密性较差。

钢门窗安装首先用扁铁与门框、窗框连接,然后将门框、窗框嵌入墙体预留门窗洞口内,用螺钉将扁铁与墙体连接,并用水泥砂浆嵌填固定。钢门窗一般安装在墙体中线位置或同墙体外平。

3. 塑钢门窗

塑钢门窗又称塑料门窗,是由聚氯乙烯(PVC)、改性聚氯乙烯树脂或其他树脂为主要原料,添加适量的助剂、改性剂,经挤压出各种截面的空腹门窗型材。一般采用钢材作为衬料,即将钢材插入PVC的空腹中,然后用螺钉固定,塑钢结合,提高骨架的强度。塑钢门窗具有阻燃、耐候性好、抗老化、防潮、防雨水渗漏、隔热、保温、表面光洁度好等特点。

塑钢门窗通过专门制作的铁件将门窗框与墙体联结。在间隙内填入泡沫塑料或轻质材料,再用耐候胶加以密封,然后进行墙面抹灰,也可用自攻螺钉直接穿过窗框与墙体上的木楔连接。

单元教学导引

目标	本章主要从门窗的功能、尺度、组成及构造方法入手，使学生初步了解，熟悉门窗的构造技术和细部处理。懂得门窗在空间装饰中对装饰形象和风格起着重要的作用。同时了解常见的建筑门窗知识。
要求	教学中应以门窗的艺术形式、风格和构造原理为主，通过多媒体和图例以及对所在城市各种建筑门窗的形象、位置、尺度、构造等参观、考察，从中体会门窗装饰造型对建筑风格和性格特征的衬托与影响。
重点	教学过程中应以门窗在建筑空间的作用、功能、构造技术和艺术风格等为重点。
注意事项提示	虽然门窗在建筑空间中占有重要的地位，但在室内装饰中容易被人们忽略，人们只重视外在形式而往往忽视空间尺度关系和内部构造，因此教师在本单元的教学中要克服面面俱到的讲授，应抓住要点，让学生知道外在样式是由材料、内部构造和空间尺度等诸多因素所决定的。
小结要点	本单元主要围绕门窗的功能、形式、组成、尺寸及构造技术进行讲授，让学生对门窗有一个初步认识，充分理解和掌握各类门窗的艺术风格、造型式样、构造特征，并能熟练地应用于室内装饰设计和具体的施工中。

为学生提供的思考题：

1. 简述门的功能和作用。
2. 简述窗的功能和作用。
3. 简述门窗按所用材料分为哪几类，各有什么特点。
4. 简述平开木门窗的组成与构造特点。

为学生课余时间准备的作业练习题：

1. 临摹各类平开木门窗的施工构造节点详图（具体要求和内容由任课教师确定）。
2. 参观收集所在城市各类建筑门窗样式。
3. 了解、熟悉铝合金门窗、塑钢门窗的优缺点与安装要点。

本单元作业命题：

设计一住宅空间门窗（题目和要求由任课教师确定）。

单元作业设定缘由：

本单元讲授建筑门窗的形式、尺度和构造原理等知识，通过单元作业的练习可以加深并巩固其所学知识。

单元作业要求：

作业形式和要求及深浅由任课教师掌握。

命题作业的实施方式：

课堂讲授，资料收集，各类建筑实景参观、测量、绘制。

作业规范与制作要求：

临摹作业、命题作业用CAD制图软件绘制（手绘）完成，并严格按建筑制图规范和要求执行，最后和市场调研报告一起装订成册。

单元作业小结：

通过提问、讨论、参观等形式，加深对所学知识点的理解，懂得在实际装饰施工中的具体运用，并能通过施工图进行准确的表述。

第五教学单元
楼 梯 装 饰

一、概 述

楼梯是建筑内部空间的垂直交通设施,起着联系上下楼层空间和人流紧急疏散的作用。同时,楼梯作为空间结构的重要元素,以其特殊的尺度、体量,多变的空间方位,丰富的材料,多变的结构形式和装饰手法,在建筑造型和空间装饰中,起着极其重要的作用(图5-1)。

二、楼梯的组成

楼梯一般是由楼梯段、楼梯平台、栏杆(栏板)、扶手等组成。它们用不同的材料,以不同的造型实现了不同的功能(图5-2)。

(一)楼梯段

楼梯段又称楼梯跑,是楼梯的主要使用和承重部分,用于连接上下两个平台之间的垂直构件,由若干个踏步组成。一般情况下楼梯踏步不少于3步,不多于18步,这是为了行走时保证安全和防止疲劳。

(二)楼梯平台

楼梯平台包括楼层平台和中间平台两部分。中间(转弯)平台是连接楼梯段的平面构件,供人连续上下楼时调节体力、缓解疲劳,起休息和转弯的作用,故又称休息平台。楼层平台的标高与相应的楼面一致,除有着与中间平台相同的用途外,还用来分配从楼梯到达各楼层的人流。

图5-1 新型材质与现代风格结合的楼梯联系着上下楼层空间

（三）楼梯栏杆与扶手

楼梯栏杆（栏板）是设置在梯段和平台边缘的围护构件，也是楼梯结构中必不可少的安全设施，栏杆（栏板）的材质必须有足够的强度和安全性(图5-3)。扶手是附设于栏杆顶部，作行走时依扶之用。而设于墙体上的扶手称为靠墙扶手(图5-4)，当楼梯宽度较大或需引导人流的行走方向时，可在梯段中间加设中间扶手(图5-5)。楼梯栏杆（栏板）与扶手的基本要求是安全、可靠、造型美观和实用。因此栏杆（栏板）应能承受一定的冲力和拉力。

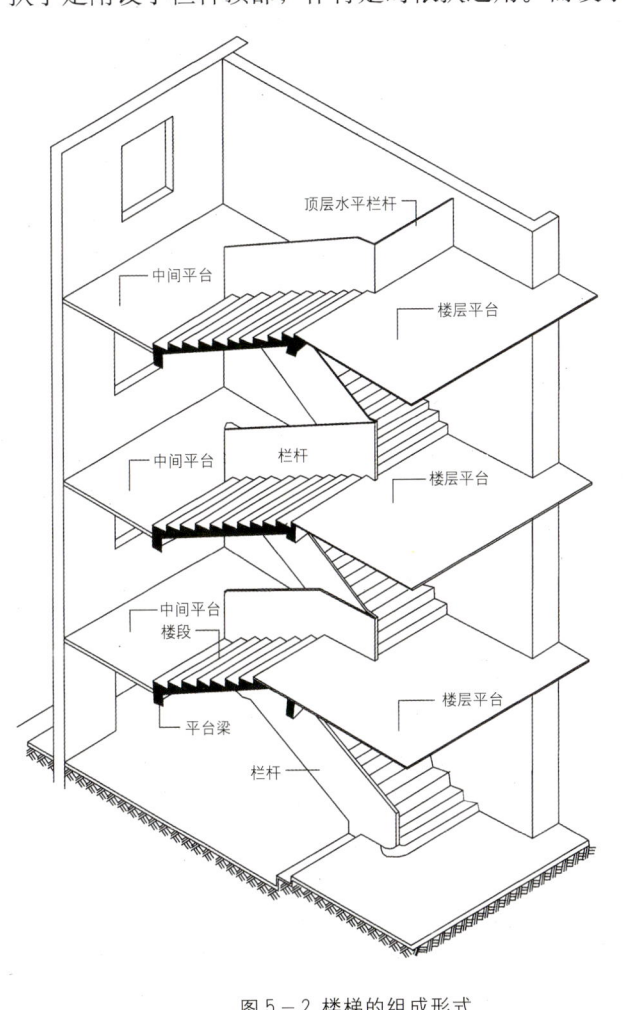

图5-2 楼梯的组成形式

图5-3 楼梯栏杆不仅有装饰性还应满足安全需要

图5-4

图5-5

靠墙扶手和中间扶手为上下人流提供安全保障，充分体现"以人为本"的设计理念

三、楼梯分类

楼梯的类型与形式取决于设置的具体部位,楼梯的用途,通过的人流,楼梯间的形状、大小,楼层高低及造型、材料等因素。

楼梯根据不同的位置、形式、材料进行分类。

按设置的位置分有室外楼梯与室内楼梯,其中室外楼梯又分安全楼梯和消防楼梯(图5-6),室内楼梯又分主要楼梯和辅助楼梯。

按材料分有钢楼梯、铝楼梯、混凝土楼梯、木楼梯及其他材质的楼梯。

按常见形式分有单梯段直跑楼梯、双梯段直跑楼梯、双跑平行楼梯、三跑楼梯、双分平行楼梯、双合平行楼梯、转角楼梯、交叉楼梯、剪刀楼梯、螺旋楼梯、弧形楼梯等(图5-7)。

图5-6-1 室外主楼梯以简洁的造型手法同建筑环境相得益彰

图5-6-2 与建筑融为一体的消防楼梯

单梯段直跑楼梯　　双梯段直跑楼梯　　双跑平行楼梯　　三跑楼梯

双分平行楼梯　　双合平行楼梯　　转角楼梯　　双向折角楼梯

弧形楼梯　　中柱螺旋楼梯

交叉楼梯　　剪刀楼梯

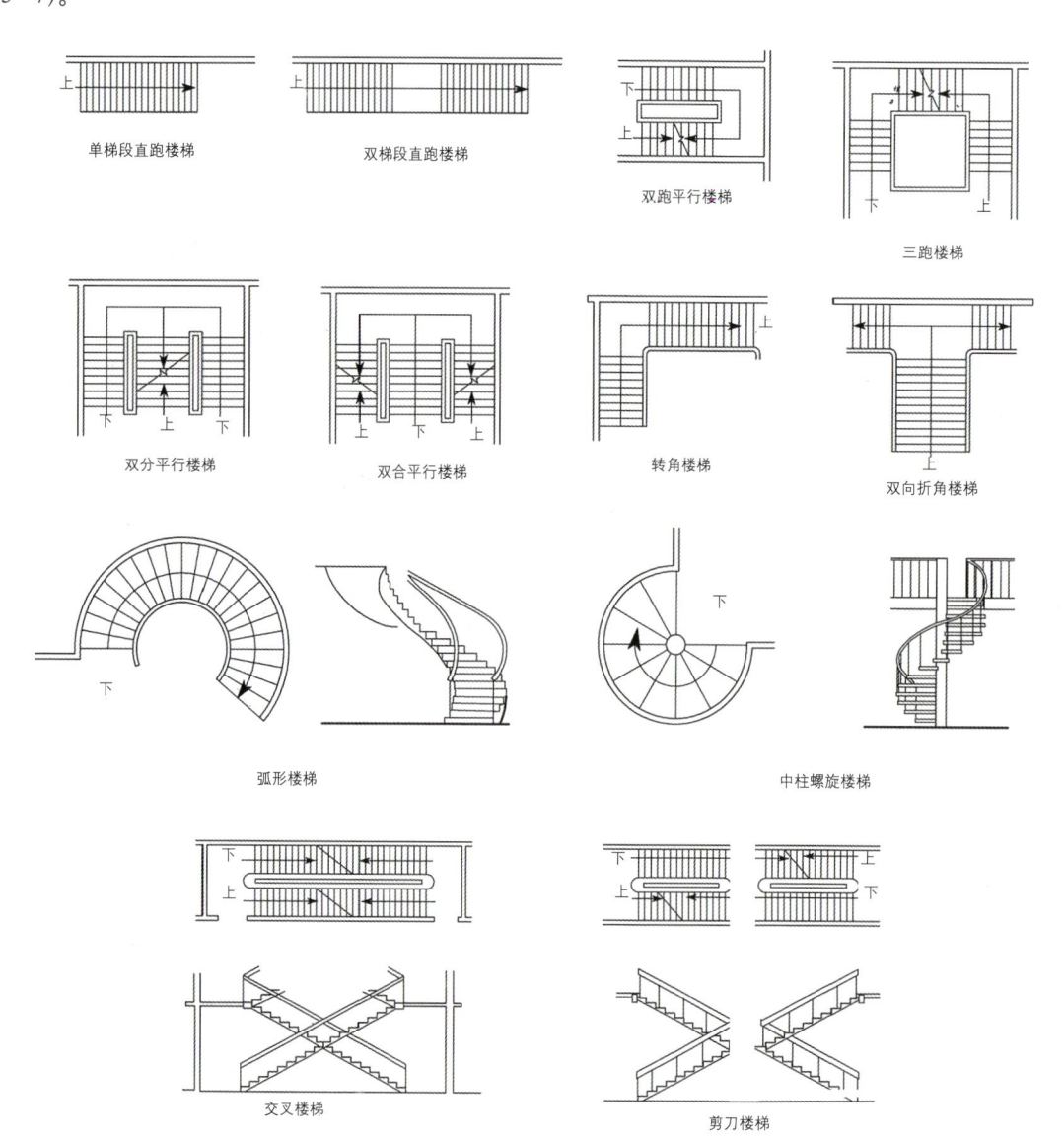

图5-7 楼梯的形式

图 5-8 自动扶梯的不停转动，使静态空间充满动感气息

图 5-9 直跑楼梯常靠墙放置，即节约空间，又烘托室内气氛

楼梯在室内装饰装修中占有非常重要的地位，其设计的好坏，将直接影响整体空间效果。所以楼梯的设计除满足基本的使用功能外，应充分考虑艺术形式、装饰手法、空间环境等关系。

（一）楼梯设置原则

共公建筑中楼梯分为主楼梯和辅助楼梯两大类。主楼梯应布置在入口较为明显，人流集中的交通枢纽地方。具有醒目、美化环境、合理利用空间等特点。辅助楼梯应设置在不明显但宜寻找的位置，主要起疏散人流的作用。

住宅空间中楼梯的位置往往明显但不宜突出，一般设于室内靠墙处，或公共部位与过道的衔接处，使人能一眼就看见，又不过于张扬。但在别墅或高级住宅中，楼梯的设置越来越多样化、个性化，不再拘于传统，通常位置显眼以充分展示楼梯的魅力，成为住宅空间中重要的构图因素(图5-9)。

（二）楼梯的尺度

1. 楼梯段与平台的宽度

楼梯的宽度主要满足上下人流和搬运物品及安全疏散的需要，同时还应符合建筑防火规范的要求。楼梯段宽度是由通过该梯段的人流量确定的，公共建筑中主要交通用楼梯的梯段净宽按每股人流 550～750mm 计算，且不少于两股人流；公共建筑中单人通行的楼梯宽度应不小于900mm，以满足单人携带物品通行时不受影响；楼梯中间平台的净宽不得小于楼梯段的宽度；直跑楼梯平台深度不小于2倍踏步宽加一步踏步高(图5-10)。双跑楼梯中间平台深度≥梯段宽度，而一般住宅内部的楼梯宽度可适当缩小，但不宜小于850mm。

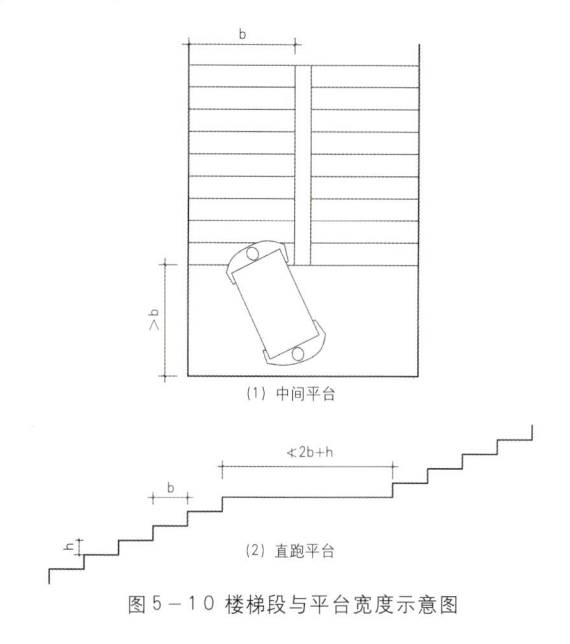

楼梯的形式随着科技的进步，其概念已突破了传统形式，出现了各种轿厢式电梯、自动扶梯和观景式升降梯，给人们的视觉带来了巨大冲击，突破了原有静态空间的结构要素和视觉观赏要素(图5-8)。

四、楼梯的设计与尺度

楼梯的形态、位置、数量、尺度的设计和材料的选用，必须符合建筑设计的标准和规范。

图 5-10 楼梯段与平台宽度示意图

2. 楼梯坡度与踏步尺度

楼梯的坡度是由楼层的高度以及踏步高宽比决定的。踏步的高与宽之比需根据行走的舒适、安全和楼梯间的面积、尺度等因素进行综合考虑。楼梯坡度一般在23°~45°范围内，坡度越小越平缓，行走也越舒适，但扩大了楼梯间的进深，而增加占地面积；反之缩短进深，节约面积，但行走较费力，因此以30°左右较为适宜。当坡度小于23°时，常做成坡道，而坡度大于45°时，则采用爬梯。

楼梯踏步高度和宽度应根据不同的使用地点、环境、位置、人流而定。学校、办公楼踏步高一般在140~160mm，宽度为280~340mm；影剧院、医院、商店等人流量大的场所其踏步高度一般为120~150mm，宽度为300~350mm；幼儿园踏步较低为120~150mm，宽为260~300mm。而住宅楼梯的坡度较一般公共楼梯坡度大，踏步的高度一般在150~180mm，宽度在250~300mm。

图5-11 栏杆、扶手

3. 楼梯栏杆(栏板)扶手的高度

楼梯栏杆（栏板）扶手的高度与楼梯的坡度、使用要求、位置等有关，当楼梯坡度倾斜很大时，扶手的高度可降矮，当楼梯坡度平缓时高度可稍大。通常建筑内部楼梯栏杆（栏板）扶手的高度以踏步表面往上900mm，幼儿园、小学校等供儿童使用的栏杆可在600mm左右高度再增设一道扶手。室外不低于1100mm，栏杆之间的净距不大于110mm(图5-11)。

4. 楼梯的净空高度

楼梯的净空高度应满足人流通行和家具搬运的方便，一般楼梯段净高宜大于2200mm；平台梁下净高不小于2000mm(图5-12)。

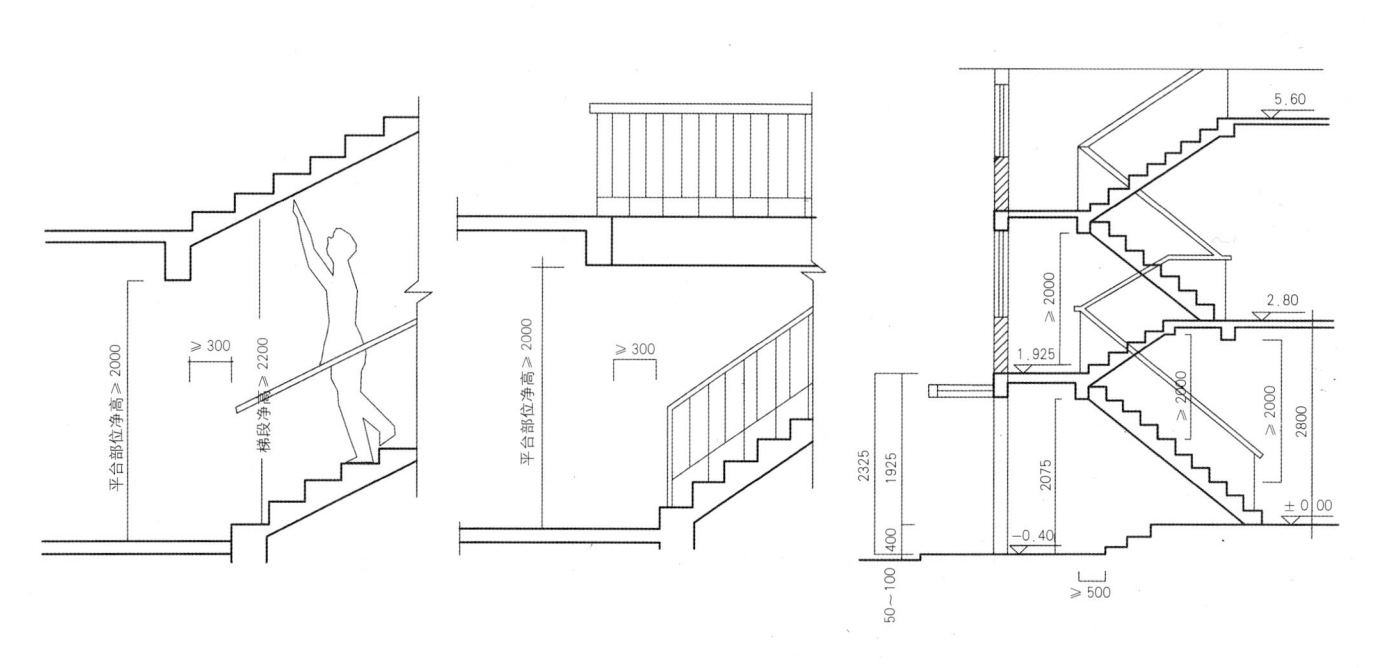

图5-12 楼梯平台梁下净高设计

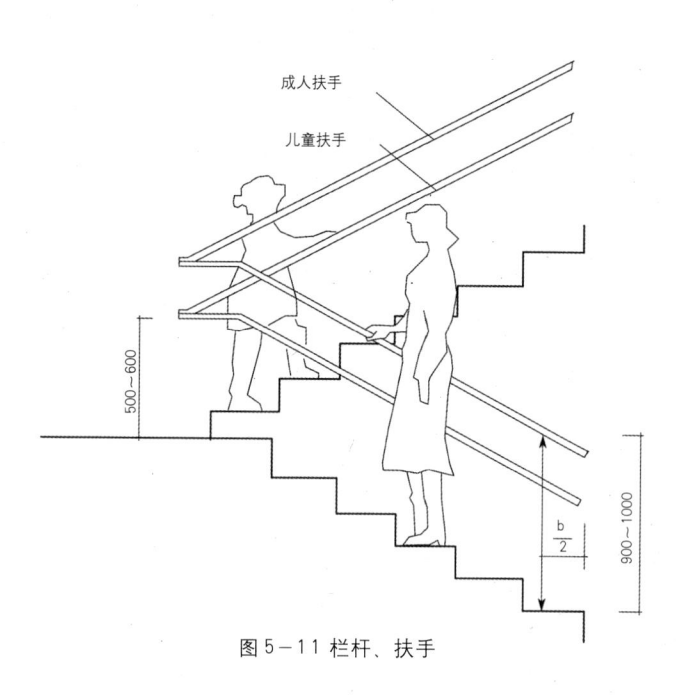

五、楼梯装修构造

楼梯的装修部位主要集中在踏步面层、栏杆（栏板）、扶手三部分。它们以不同的材料和造型手法来实现各自不同的功能和装饰效果。

（一）楼梯踏步面层

楼梯踏步面层要求坚硬、耐磨、防滑，便于清洁及具有一定装饰性，其构造方法与楼地面的做法基本相同，根据设计要求和装修标准的不同有抹灰面层、粘贴面层、铺钉面层等工艺，踏步面层的材料主要有石材、木板、地砖、锦砖、地毯、金属板等(图5-13)。而住宅楼梯踏步面层除了上述材料外，还可用安全玻璃进行装饰。不管选用哪种材料作踏步面层，应注意收口部位的处理，特别是上下层不同材质的连接（如石材与木材，石材与地毯，地砖与地板等）处理。

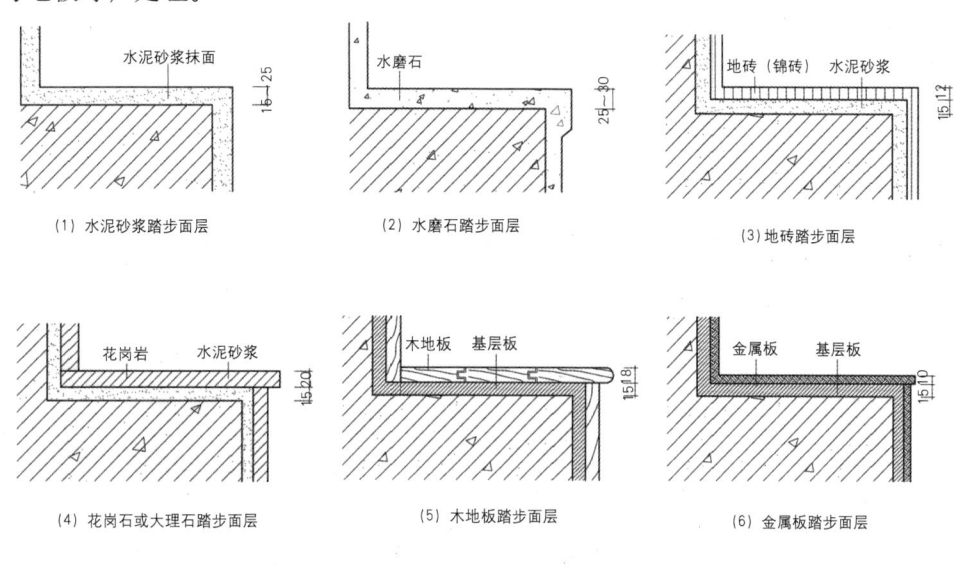

(1) 水泥砂浆踏步面层
(2) 水磨石踏步面层
(3) 地砖踏步面层
(4) 花岗石或大理石踏步面层
(5) 木地板踏步面层
(6) 金属板踏步面层

图5-13 踏步面层构造

为了行走的舒适、安全、便捷、防止滑倒，踏步表面应设防滑条，在边口做防滑封口等处理。防滑条应凸出踏步面层2～3mm，宽为10～20mm，常用材料有金钢砂、水泥铁屑、陶瓷地砖、锦砖、石材及各种金属条等(图5-14)。

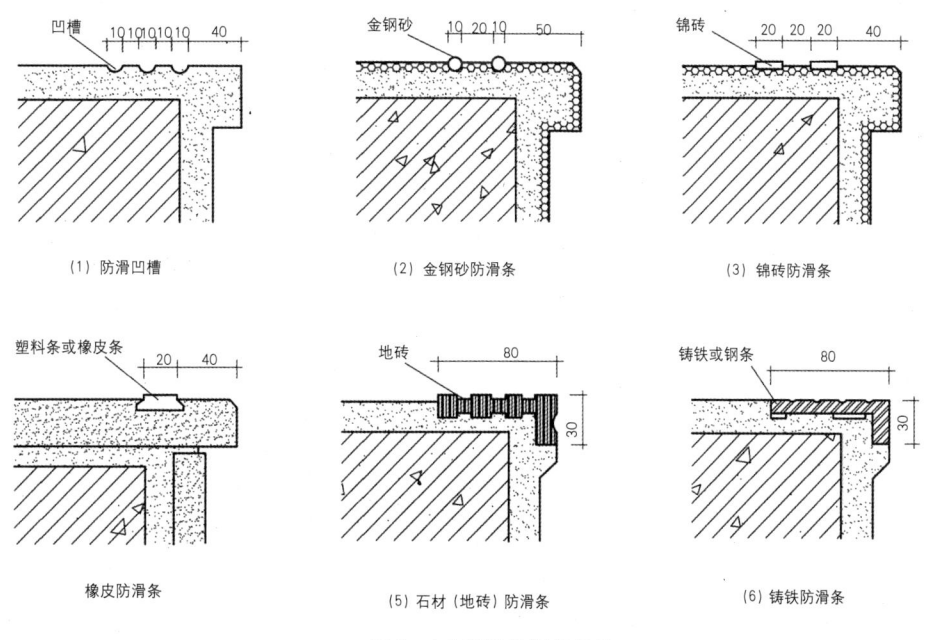

(1) 防滑凹槽
(2) 金钢砂防滑条
(3) 锦砖防滑条
(4) 橡皮防滑条
(5) 石材（地砖）防滑条
(6) 铸铁防滑条

图5-14 踏步防滑条构造

（二）楼梯栏杆

栏杆（栏板）在楼梯中的作用是围护，既防止人从楼梯上摔下，同时又是装饰性较强的构件。

楼梯栏杆（栏板）的装饰形式、手法、材料多种多样，灵活多变(图5-15)。不论采用何种形式的装饰手法，所用材料都应安全牢固耐用。栏杆（栏板）常用钢架、铸铁、水泥、砖体、木材以及安全玻璃构成(图5-16)。栏杆的受力结构不应过于平均，以免造成形式上的单调而不能分散受力面或受力点(图5-17)。

图5-15-1 金属栏杆在线形上求变化，使其空间形态得到充分体现

图5-15-2 安全玻璃栏板极富现代气息

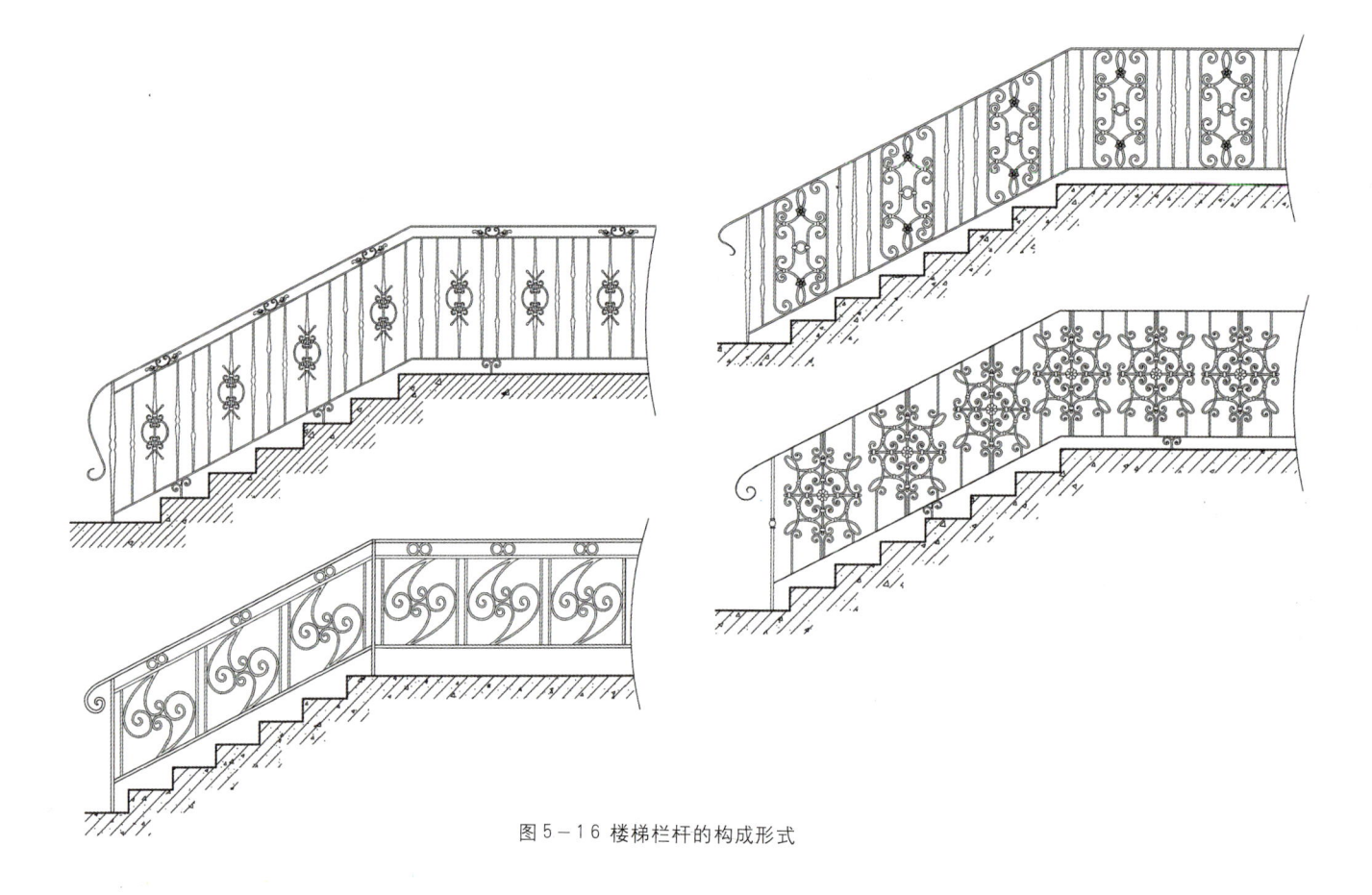

图5-16 楼梯栏杆的构成形式

栏杆（栏板）与踏步的固定一般采用埋件焊接、留孔灌浆、栓接三种方式。埋件焊接是在浇注楼梯踏步时，在需要设置栏杆的部位预埋金属连接件，然后将栏杆（栏板）与连接件焊接。留孔灌浆则是在踏步上预留孔洞，把栏杆（栏板）的主要支撑件插入孔内，深度以不少于100mm为宜，四周用水泥砂浆或细石混凝土嵌固。栓接是用膨胀栓代替预埋件将栏杆（栏板）固定在踏步上(图5-18)。

（三）楼梯扶手

扶手位于栏杆（栏板）的上部，它和人亲密接触，在整个楼梯装饰中有画龙点睛的作用(图5-19)。选择合理的扶手对楼梯的样式是极为重要的。扶手的形式、质感、材质、尺度必须与栏杆（栏板）相呼应。常用材料有木质、石材、金属、塑料等。扶手与栏杆（栏板）的固定方式有焊接、锚固连接等。同时要特别注意转弯和收头的处理，这些部位往往是楼梯最精彩和最富表现力的地方(图5-20、5-21)。

图5-19 扶手与灯带结合，使栏杆的形式美得到充分展示

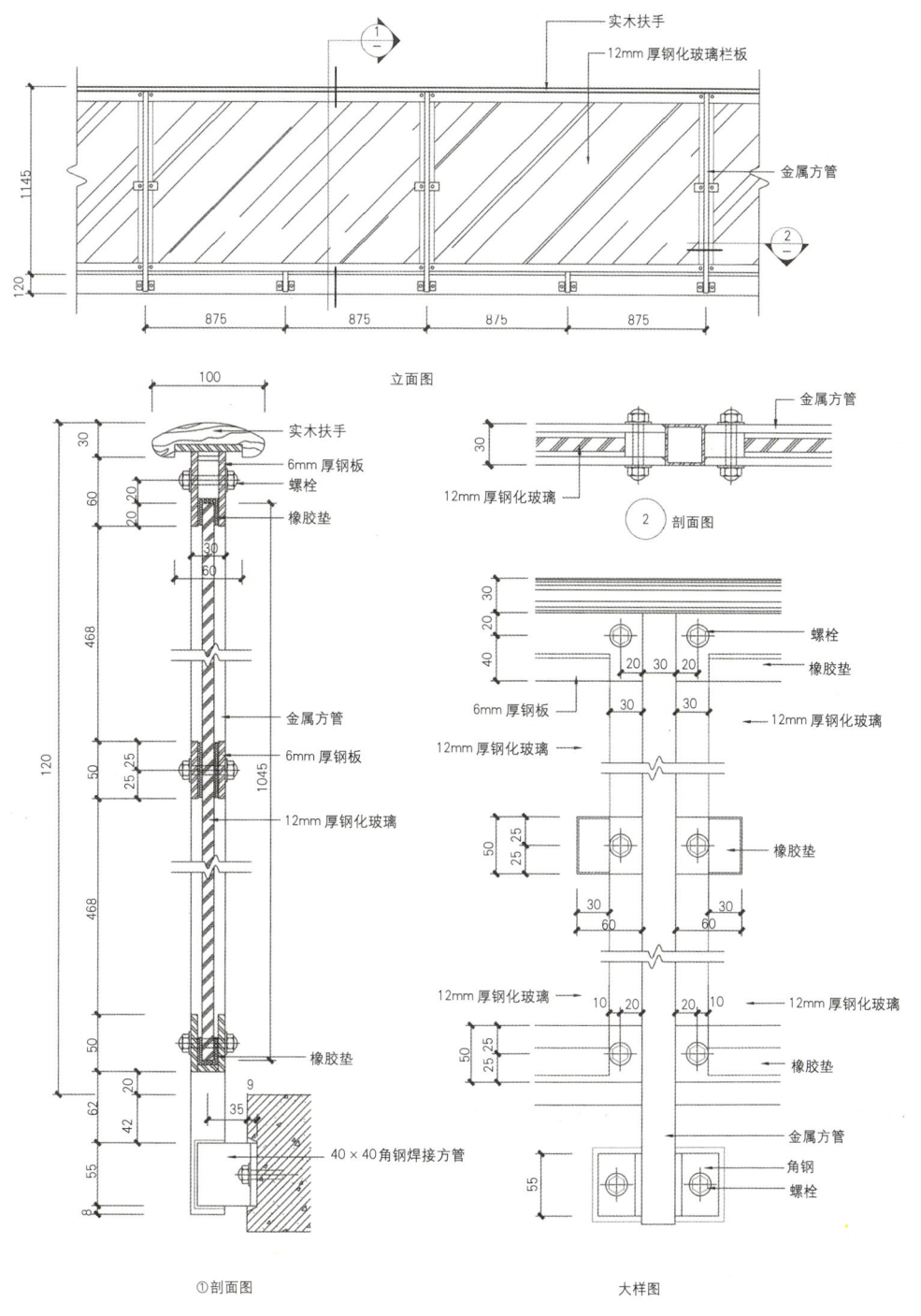

图5-17 玻璃栏板构造示意图

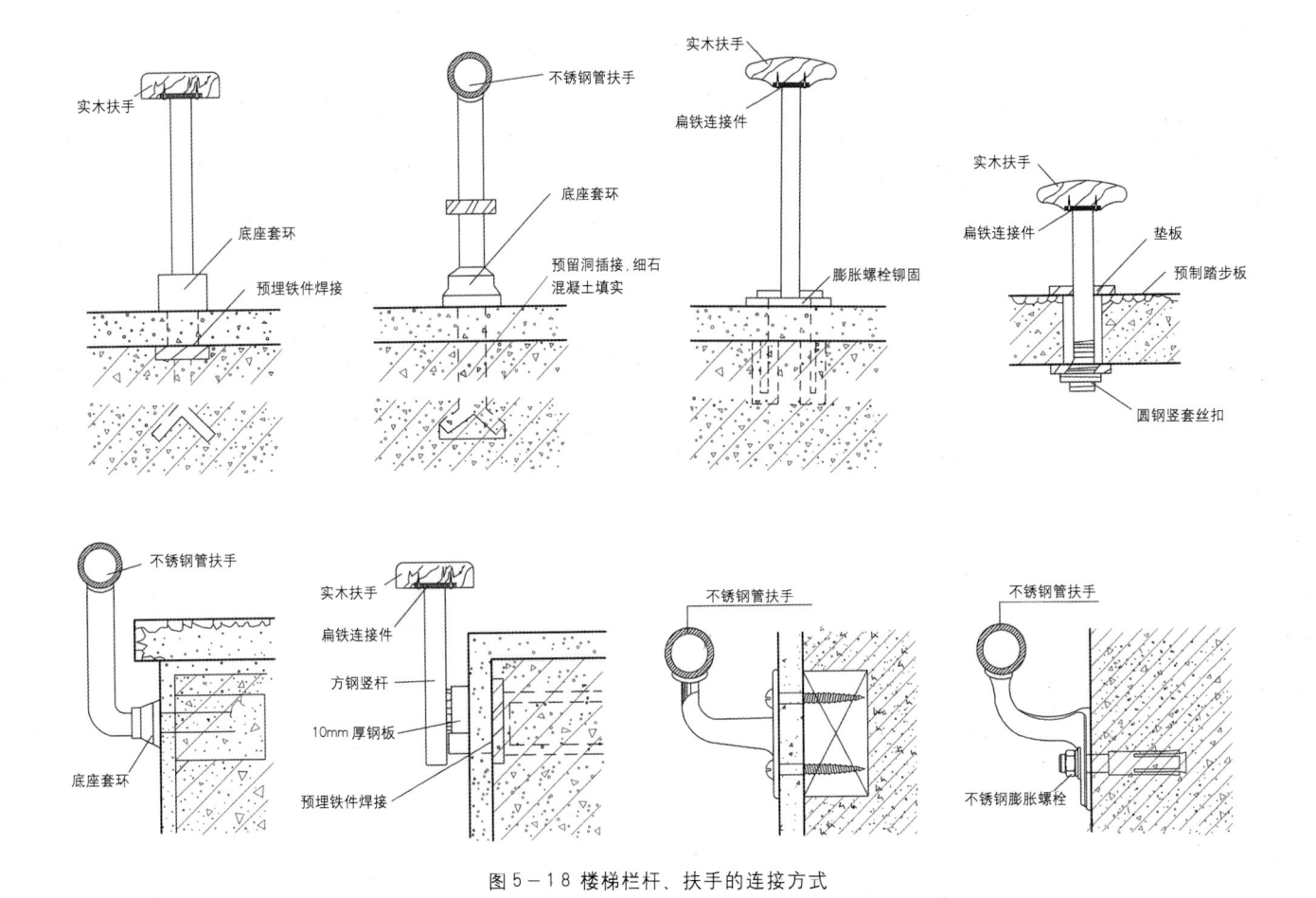

图 5-18 楼梯栏杆、扶手的连接方式

图 5-20 扶手转折处的构造形式

图 5-21 楼梯起步处理

单 元 教 学 导 引

目标	通过本单元的学习，使学生对楼梯的组成、形式、空间尺度和装饰手法、构造原理有进一步的了解和认识，能将已学的装饰装修材料较灵活地运用于楼梯装饰上。同时，让学生明白楼梯作为空间结构要素，根据其造型设计、细部处理和材质的灵活应用在设计中存在非常大的发挥空间。是营造室内风格，活跃艺术氛围必不可少的设计元素。
要求	通过课堂讲授，多媒体演示和现场观摩、分析等教学方式，使学生了解、熟悉各种建筑楼梯的功能、形式、用途、艺术效果等与室内空间的相互关系。同时，通过市场调研充分理解楼梯在空间环境中的设计意图和构造形式。
重点	教学中应以楼梯的装饰风格、艺术效果、构造技术为重点。同时，要求学生掌握建筑楼梯的功能、设计原则、装饰手法。
注意事项提示	注意不要在楼梯的计算方式上讲得过深、过多，克服空洞的计算模式。教学中应结合多媒体和大量的图例及参观、考察、测绘等教学手段来提高学生的兴趣，从而达到理想的教学效果。
小结要点	本单元主要讲授了楼梯的组成、形式、尺寸、构造技术、装饰手法。让学生能较熟练地运用不同的装饰装修材料来美化、装饰楼梯的不同部位。明白楼梯在室内装饰中有画龙点睛的作用。

为学生提供的思考题：

1. 简述楼梯是由哪些部分组成的。
2. 简述常见的楼梯有哪几种形式。
3. 简述栏杆与踏步的构造。
4. 为什么平台宽不得小于楼梯段宽度？

为学生课余时间准备的作业练习题：

1. 临摹各类典型楼梯的构造大样图、细部节点详图（具体要求和内容由任课教师确定）。
2. 参观、收集所在城市建筑中各式楼梯的造型、样式、装饰手法。
3. 室内楼梯和室外楼梯有哪些相同和不同之处？

本单元作业命题：

选用2种以上材料设计一办公室的楼层栏杆（栏板），绘制平面图、剖面图、节点图（题目和具体材质可由任课老师确定）。

单元作业设定缘由：

通过作业的练习，使学生进一步认识、掌握楼梯栏杆（栏板）和楼地面、扶手和墙体的关系及其重要性。知道楼梯在室内空间中不仅作为一种装饰元素，还应考虑它是一种安全构件。

单元作业要求：

在设计时应将艺术与技术相结合，不能片面地追求艺术效果而忽略了安全性，也不能只重安全而不顾空间环境和艺术风格。

命题作业的实施方式：

教师讲解，实习参观、考察、测绘和材料收集。

作业规范与制作要求：

临摹作业、命题作业用CAD制图软件绘制（手绘）完成，并严格按建筑制图规范和要求执行，最后和调研报告一起装订成册。

单元作业小结：

通过教师讲解、理论与实际的结合，增强学生对建筑楼梯的形式、风格、构造特点的了解、认识，为今后的设计打好基础。

主要参考文献

1. Gwathmey Siegel·Acura di Brad Collins 2000
2. ARCHITECTURE NOW！·TASCHEN
3. LES GRANDS ARCHITECTES·atrium
5. Botta·Skira 2002
4. Gae Aulenti·Skira 2002
6. Siza·TASCHEN
7. Calatrava·TASCHEN
8. 朱志杰 主编．建筑高级装饰施工与报价．中国建筑工业出版社，1992年11月第1版
9. 安素琴 主编．建筑装饰材料．中国建筑工业出版社，2000年6月第1版
10. 向才旺 编著．建筑装饰材料（第二版）．中国建筑工业出版社，2004年2月第2版
11. 李志国 主编．建筑装修装饰材料．机械工业出版社，2001年8月第1版
12. 吴贤国 曾文杰 编著．建筑装饰工程施工技术．机械工业出版社，2003年8月第1版
13. 叶刚 尹国元 编．建筑装饰施工技术．中国电力出版社，2002年9月第1版
14. 娄隆后 主编．建筑装饰识图．中国电力出版社，2002年10月第1版
15. 闫立红 主编．建筑装饰识图与构造．中国建筑工业出版，2004年12月第1版
16. 韩建新 刘广洁 编著．建筑装饰构造（第二版）．中国建筑工业出版社，2004年8月第2版
17. 朱赛鸿 主编．建筑装修装饰构造．机械工业出版社，2002年1月第1版
18. 李朝阳 编著．装修构造与施工图设计．中国建筑工业出版社，2005年8月第1版
19. 陈世霖 主编．当代建筑装修构造施工手册．中国建筑工业出版社．1999年12月第1版
20. 薛健 主编．装饰装修设计全书．中国建筑工业出版社，1998年4月第1版
21. 王海平 编著．室内装饰工程手册（第三版）．中国建筑工业出版社，1998年12月第3版
22. 刘建荣 翁秀 主编．建筑构造下册（第三版）．中国建筑工业出版社，2005年2月第3版
23. 李必瑜 主编．房屋建筑学．武汉工业大学出版社，2000年7月第1版
24. 同济大学．西安建筑科技大学．东南大学．重庆建筑大学 编．房屋建筑学（第三版）．中国建筑工业出版社，1997年6月第3版
25. 武六元 杜高潮编著．房屋建筑学．中国建筑工业出版社，2001年10月第1版
26. 武峰主编．ＣＡＤ室内设计施工图常用图块（1）．（2）．（3）．中国建筑工业出版社，2001年11月第1版，2002年3、4月第1版